Sudoku Fun 1

	6	7	2	1	9	8	5	4
		5		3	8	6	9	7
8	4	9	6	7	5			
6		4			1	9	2	
9		2	8	4	6		7	3
5		8		2	3	4	6	1
2	8	3	5	6	4		1	9
7	9		1		2		4	5
4	5	1		9	7	2	8	6

Sudoku Fun 2

		1		4			5	
2	9	5	7	6	3	8	4	1
8			5	1		7	6	9
				9	7	5	8	4
9	3	4	6		5	2		7
5	7		4	2		6	9	3
	5	2		3	8	1	7	
6	1		2	5	4		3	8
3	8		1	7	6		2	5

Sudoku Fun 3

5			2	1	7	3	8	4
1	2			4	8			9
		7	9	3	6	5	1	2
7	9	6	4	5	3		2	8
2	1			8	9	6		3
		8	1	6	2	9	4	7
4	7	2	6			8	3	5
9	3	1	8		5	4		
6	8		3	7		2	9	1

Sudoku Fun 4

	3	5		1	6	9	8	2
		9	3	2	5	4	1	7
1	4	2	7	9		5	6	3
		8	6	4	1	2		
6	9		2		7	8	3	1
	5	1		8	3	7	4	6
				6	9			4
4		6	1	7		3		5
	1		5	3		6	2	8

Sudoku Fun 5

9	1	8			4	5	2	3
7	3		9	8	5	4	1	6
5			2		3	9		8
2	4	9	1	3	6		5	7
		6		4	2		3	9
3	5	1	8		7	6		2
4	2	7	6	5	9	3	8	1
	9		3	2	8		6	
		3		7	1			

Sudoku Fun 6

9	4		8	3		6		
3			7	1	6		9	8
		6	9	4	2	5		
1	6	7		5	9	3	8	4
2	9	8		6	4	7	5	1
4	3	5			8	9		6
5		3		8	7			
8	1	4		9	3	2	6	7
6	7	9	4	2			3	5

Sudoku Fun 7

9		1	3			7		2
	8			7	2			1
3	7	2	6	4	1	5	8	9
	9	5	4	6	3	2	7	8
8	2	4		9	7			3
	3	7	2		5	1	9	4
	6	9	5	3	4	8	1	7
4		8	7			3	2	6
7	1	3	8	2		9	4	5

Sudoku Fun 8

8	1	4	7	5	3	2	6	
5	3	7	9		6	8	4	
9	6	2	1	8			7	5
7	5	6		1	9	4	2	3
2	9	8	3	4		5		6
1	4	3	2	6		7		8
4	8			3		1		7
3	7	5			1	6	8	2
6	2				8		3	4

Sudoku Fun 9

4	9			7	3	6	5	2
6		3		4			9	
			9	2	6	1	4	3
3	4		1	8	5	7	2	
8	5		6		2	3		4
9		2	4	3	7	5		
2	7			5		4	6	1
1	3				4	9	7	5
5	6	4	7	1	9	2		8

Sudoku Fun 10

8	6	3	1		9		7	4
9	7	5	8	2		6	3	1
	4	2	3	7	6	8		9
	5	8	2	3		4		
3	9	4	5	6		1		2
7		1	4	9				5
2	3	6	9	1	5		4	8
	1	9		8	3			6
5	8	7		4	2	9	1	3

Sudoku Fun 11

1	4	7	8		9	6	3	
3	6			1	4	9	8	7
8	2				3	1		5
2	3	4	1		8	7	5	
5	9	6		4	7		2	
7	1		5		6	3	9	4
		2			5	4		8
4		3	7	8	1	2	6	9
9	8	1		6	2			3

Sudoku Fun 12

7	4	1	6	8	3		5	
3	8	2		9		6	7	1
6	9			7		3	8	
1	3	6	7	5	9			8
	2	8	3	6	1	5	9	7
5		9		2		1	6	
9		4		3	8	7	1	5
2				4	6	8	3	
8	5	3		1		4		6

Sudoku Fun 13

6	1		8	3			4	7
7	4	2	5			3	8	9
		3	2	7	4			1
8	3	4		2		5	9	6
	7	9	3	6	5	8	1	
5	6	1	9	4	8	7	2	3
1	5			8			7	
			6	5	2			8
3	2	8	1	9			6	5

Sudoku Fun 14

7	6		5			9	1	2
5	2	1		6	9		7	8
	8		1	2		5	4	6
1	9	6	3	7	4	2		5
8	5		2	1	6		9	4
2	4	7	8			6	3	1
			6	8	1		2	3
6	1	2	7		3	8	5	9
4			9		2	1	6	7

Sudoku Fun 15

	1	8	5	4	9	7		6
5	3	4	8	6	7	1	9	2
9	6		2		1		8	4
	9	6	7	1	8	3		5
3	2		6	9	4	8	7	1
		1		5		6	4	9
6				8	5			
1	5	2	4		3	9		
7		9	1	2		4	5	3

Sudoku Fun 16

2	4	7	5	3	9		6	
3	8	1		6	2	5	4	
	9	5	4			2	3	7
4	2	3	8	7	6	9	1	5
1	6	8		9		4	7	3
7	5	9	3	1	4	8		6
5	1	6			3	7	8	4
	7	2	6		8		5	
8	3	4		5			9	

Sudoku Fun 17

.	7	.	.	2	.	6	5	1
4	1	5	8	9	.	7	2	3
.	3	6	7	5	1	4	.	9
3	9	1	5	7	.	8	.	6
7	6	4	.	1	.	5	9	2
.	8	2	9	6	4	1	3	7
.	2	.	.	4	9	3	.	5
.	5	3	2	8	7	9	6	4
.	4	9	1	.	5	2	7	8

Sudoku Fun 18

6	8	1	4	2	7	5	9	3
.	2	3	1	.	5	6	8	.
.	4	5	3	6	8	.	2	1
.	7	6	.	5	.	3	.	2
8	5	4	7	3	.	1	.	9
3	9	2	.	1	4	8	7	5
.	3	9	.	8	6	.	1	7
4	.	8	9	.	3	2	.	6
2	6	7	.	4	.	9	3	8

Sudoku Fun 19

5	9		2		3	8	7	6
3	6	7	1	9	8	5	4	2
2		4	5	7		1		9
4		5			7	9	8	
	3	9	4	8	5	2	1	7
1	7	8	9	3	2	4		5
7	1						5	4
9	4	6			1	7	2	8
8	5	2	7	6	4	3	9	

Sudoku Fun 20

2		8	3	9	6	1		4
	1	3	2	4	7	8	6	
	6	9	8	5	1	3		
6	4	7			2	9	1	3
8	5	1		3	9	4	2	6
3	9	2			4		8	
7	3	5		2		6	4	
9	2	4	6	1	5		3	8
			4		3	2	9	5

Sudoku Fun 21

8			4	7	6	9		
2	7	3	9	8	5	6	1	4
		6		3	2	5		7
4		8	6	9	7	1	2	5
5	1		3		8	7	9	6
6	9	7	2		1		4	8
1	8	5	7	2	3	4	6	
				6	4	8	7	1
7	6	4	8	1	9	2	5	

Sudoku Fun 22

4	6	2			1	8	3	9
	5	9	3	8			4	1
8		3	9	4	6	2	7	5
		1	6	7	9	5		3
9	3	6	5	1	8			4
5	7	8		3	4			6
6	2		8	9		3	1	7
1	8	7	4	6	3		5	2
			1	2		4		8

Sudoku Fun 23

8			3		6	4		7
4	6		7	8	2	9	1	3
	7	3	4		1	8	6	5
9	8	1	6	2		3		
3	5	2	9	4	8	6	7	1
6		7	5			2		9
		6	8	7	4	1	3	
1	3	4	2	6	5	7	9	
		8	1	3	9	5	4	

Sudoku Fun 24

9	3	8	5	2	1	7		4
6	7	5	3	4	9		2	8
1		4		8	6			5
3	1	9	8		2	4	7	
4	5		6	7	3	8		
	6	7	1			2		
2	4	1		6	8	5		7
7	8	6	2	3	5	9	4	
	9		4	1	7	6	8	2

Sudoku Fun 25

9		1	4	2	8		3	
8	3	4				9	2	5
7	2	6	5	3	9	4		1
1	8				5	2	4	3
2	6	5			3		9	8
4	9	3		8	7		1	6
	1	2			4	8	7	9
5	4		8	7	1	3	6	2
6	7	8	3		2	1		

Sudoku Fun 26

		5		4	6	8		1
4	8	6	2	1	3		7	5
3		7	5	8	9		2	
5	4	1	9			7	6	2
8		3	6	2	4	1	5	
9	6	2	1	7	5	3	4	
6		4	8	9	7		1	3
	2	9	3		1	4	8	6
1		8	4	6	2	5		

Sudoku Fun 27

1			4	6	3		8	2
4	8		9	2	7		1	5
2	3	9	5			7	4	6
6	5	2	7	3	4	1	9	
7	9	3	8	1	2	5	6	4
	4	1	6	9	5	2		3
	6	4	3	7	9		2	
9	1	8	2	5	6	4		7
	2		1			6	5	

Sudoku Fun 28

5	7		8	4	1	6		3
6	4	8		9			1	7
1		3	6	7	5	4	8	
	1		2	3	9	7	4	6
3		4	1	6			5	9
7	6	9	5		4		3	
2	8	1	9		6	3	7	4
		7		2		1		8
4	3			1	8	9		

Sudoku Fun 29

	7	9	8		2	1	6	4
2	5	6	9	4		8		3
8		1	3		6		2	5
1	6		5		7	2		9
9	8	3	2	1		6		7
5		7	6	8			3	1
7	1	8	4	6		3	9	2
6	9		1	2	3	7		8
		2		9	8	5	1	6

Sudoku Fun 30

	2			1	3	5	7	9
5	1	7	4	6		3	2	8
	3	9	7	5		4		
	8	1				6	5	
	6	4		3	5		9	7
3	7	5	6	9	8		4	1
1	5	8	3	4	7	9	6	2
6		3	5	2	1		8	4
7			9				3	5

Sudoku Fun 31

	1	3	4	7	2	6		9
4	9	6	1	5	8	2		7
7			3	9	6	4		1
8		7		4	1	3		6
6	3	1	2	8	5	9		4
9	2		6	3	7			8
2	4	9	7		3	8	6	5
3			5	6	4	1		2
1	6	5		2	9	7		3

Sudoku Fun 32

		9	3	5		4	8	1
4	3		1		7	5	9	6
6	1	5	9		4			2
9	2		8	3	5		1	
	4	1			2	7	3	5
	5	6	7	4	1		2	8
		3			9	2	6	7
1	6	2	5	7	3	8		
7	9	4	2	6		1		3

Sudoku Fun 33

4			7	5			9	3
	3			2	9	1	8	
	1	9	3		8		7	5
6				8		4		9
1		4	9	6	2	7		
9	7			1	3	5	2	6
3	9		2		6	8	4	1
7	6	1		9	4	3	5	2
8	4	2	1	3	5	9	6	7

Sudoku Fun 34

1	7	5		2		3		8
	8	4	3	5	1	7	2	
9	2	3		6	7		1	5
3	6		5	8	9		7	4
8		7	1	4		6	9	
	9	1		7	6		8	3
		8	6	3	2	9	5	
5	1	6	4	9	8	2	3	7
		9	7	1		8		6

Sudoku Fun 35

1	4	6		2	5		3	8
7	2	5	6	3	8		1	
	3	8	4	1	7		5	2
					9	2		7
2	9	3	7	8	1	5	4	6
8	7	4		5	6	1	9	
4	8	9	1		2	3		5
		7	5			8	2	9
6	5	2	8	9		4	7	1

Sudoku Fun 36

	9			8	6		5	7
4	3				1	8	6	9
6		8		5		4	2	1
	1		9	3			4	
3	2	4		7	5	1	9	
5	8	9	1	6		7	3	2
9	6	7	5	4	8		1	3
8	5	2	6	1	3	9	7	4
	4	3	2	9	7	6	8	5

Sudoku Fun 37

9	5		4	6	3	1		
3	6	7	5	1	8			
	1	4		9	7	3	6	
5	3	8	7	2		9	4	6
	9		3	8	5	2		1
	7	1	6		9	5		8
1	4	9		7		6	5	
7	2	5		3		8	1	
	8	3		5	4	7	9	2

Sudoku Fun 38

	6	1	9	3	5	4	8	7
5	3	4			6		2	
7		9	1		2		3	5
4	2	7	5	8	1		6	3
6		3			4		5	1
8	1	5	6	9	3	2	7	4
9	4		2	5	7	3	1	6
3	7	6					9	2
1		2			9		4	8

Sudoku Fun 39

3	2	7					8	9
8	1		7		9	2	4	5
4		5	8	6	2		7	3
6	8	1	9	4	3	7	5	2
	4		6	1	7	9		8
		9		8	5	4		6
9	5	8		7	6	3		1
1	6	4		2	8	5	9	7
2	7			9		8		4

Sudoku Fun 40

3		4	2	7	5			
1	2		4	3	9	7	6	5
9	5	7			6	3	4	2
7		2	5	6	3		1	9
	3	9		4	1	5	2	
6	1	5	8	9	2	4	3	
4	7			2	8		5	1
5	9		6			2	8	4
2	8	1	9	5	4		7	3

Sudoku Fun 41

		1	8	9	4	6	5	3
8		9		5	6	7	1	
6				7	1		4	8
9	1	7	6	3		2		
3	8			2		5	9	1
4	5	2			9	3		6
5		8	9	1	3	4	2	7
2		4						5
1					2			9

Sudoku Fun 42

2	8	4	6	5		7		3
7				4	2		9	
9	6	3	1	7		5	4	
		8						
4	9		2		5	6	8	
		6	7	8		9		5
	7	2	5	1		4	6	
3	4		8		6	1		
6		1	4	9	7		3	

Sudoku Fun 43

7	5		9	2	8	4	3	
9	3	2	5	6	4		1	
4		8	7		3		5	9
1		9	8	3				5
	8	6		7		1	9	4
				9	1	3	6	8
6		7		4	9			2
8		3	6		7		4	1
	9	4		8	2			3

Sudoku Fun 44

7	2		8	3	4	5	9	
	1		7		2		3	8
	4		5	9	1		7	6
			6	4		3		
	6			8	3		4	
3						6		2
4	8	2	3	7			5	
5		1			9	8	6	3
6	3	9	1	5	8	7	2	4

Sudoku Fun 45

6	2			5	8	1	4	7
5	7		2		4		8	9
	9							3
7		6					3	
	8			7	3	4	6	1
	3	4	6		2	8		5
8	1	5		6			9	
	6		1	4			5	8
3	4			2	5	7	1	

Sudoku Fun 46

	7		1	3	6		2	9
3	2	8	4	9	7			
9	1		2		5			7
2		9			4			1
5	3				1	7		2
1		7	8		3	9		
	5	3	6	1	9		7	
7	4	1	3			6	9	8
		2		4	8	1	5	

Sudoku Fun 47

		3	8	6	9	7		
	7	6		2		8		5
8				1		6		3
	1		5	8		3		4
	5	8				1	2	7
3				7	1	5	8	
4	8		1			2	3	6
7	3	1	2		6			8
2		9	3	5	8	4	7	

Sudoku Fun 48

2	8		7	9	6		1	4
1				5	4	8	6	
4	6			8		2	7	9
5	9	1		2		4	3	7
	3		5	7		1		8
7		8	3	4	1	9	5	6
	4	7	8	1			9	
8						3		
9			4		5	7	8	2

Sudoku Fun 49

3	7	2	4		8			
4	1		6	3	5	9	2	7
9	6	5	1	2	7	4		3
	3			7	9		4	2
	4	9	2	6	1	8	3	
			5			6	7	9
1	8					2		
6			3	8			5	
	5			1			6	8

Sudoku Fun 50

		9	2		8		5	3
4	5				3	8	2	7
	3					1		9
6		5		8	9	7		2
9		7		3	5		8	1
8	4	3		1	2	9		5
					1		9	8
	8	2	9	7		3	1	
3					4	2		6

Sudoku Fun 51

1	2	3	8	7			4	
7	8	6	4	5		3	2	
	9	4			3		7	8
4			1	9	7		3	6
2					4	7	9	
6					5	8		4
		2	9	3	1	4	5	7
	4	5				1		
	1	7	5			9		2

Sudoku Fun 52

	1			9	3			8
4		9		7	8	2	3	
8	3	7	5		4	1		6
	8	2			5		1	
6		1		3	9	5		
9	5	4	2	1	7	6	8	3
5						3	6	1
1		3	9	5		8	4	7
7	4	6		8				

Sudoku Fun 53

6	7			4	9		3	5
9	3		8	7	5		4	6
	8	5	6	3		7	9	
5		3	9	2		6	1	7
	6			5	3			9
		9	4		7	3	5	8
3	9						7	
8	5	4		1				3
1		7		9			8	4

Sudoku Fun 54

8	9	3	7			6		
	4	7		9		3		1
2	6						4	9
1	3	6		2	4	9	7	8
			3	7		1		
7	8	2			9		3	4
9		4	6	3	2	8	1	5
6	1			8	7	2	9	
	2	8	9	1	5			

Sudoku Fun 55

9	5		4			1	2	8
7	8		1	5	2	9	3	
2	3	1	6		9	7		
3		2		1		5		
	4				7	3		1
1	7	8	5		4		6	9
	9	3			5		1	
	1		3			8	5	
8		5	7	4	1	6		3

Sudoku Fun 56

2	9	8	3	1	5		4	7
							5	
5					2	1	3	
8	4		6	3	7			
7			1		9	4	8	3
	3	9			4	7	2	
9	8	7	2	4				
	6	5		8	3	2		9
3	2		5		6		7	4

Sudoku Fun 57

9	2	8			5	6		1
		7	8		2	3	4	5
3		4	1	7			2	8
					8	2	1	9
			7	2		8	6	
4	8			6	1	5		
6	9				4		8	2
		5	6	8		1		3
8		1	2	3	9	4		6

Sudoku Fun 58

5	1		8	4		6	7	
			6	1	7	2	5	
		7		3	5	8	1	4
7		6	3	9				
4	8	1	2		6		3	7
3		2		7	8			
		5	7			3	4	8
		9		6		7	2	
2	7	4		8	3	5	9	6

Sudoku Fun 59

	5	8	3	7		1		
	4				1		3	2
2		3	6	5	4	8	7	9
1	8	5	4		9	2		
6	2	4	7			9	5	
3	7	9	5		6	4		
		7				6	8	1
5	9	1	8	6		3	2	4
	6	2					9	5

Sudoku Fun 60

5	4		7	3		8	9	2
		7		9	8			5
1	9		2		5	6		
	8	2	9	5	3			1
9			4			2	8	
6		3		2	7	5		
8	3		5	6		9		4
2	6	4			9	1	5	8
7	5	9	1		4			6

Sudoku Fun 61

8		4		7	6	2	5	
9	7			3	2	6	4	8
		2	8		9			
1		9		2	3	7	8	5
2		3	7			4	6	
	5		4		1	9		
	9	8				5		2
4	2	7	9	5		3		
3	1	5	2	6		8	9	4

Sudoku Fun 62

2		1	9		7		4	8
9	7			8		3	2	6
6	5	8	4	2			1	9
			8		1	2	6	5
8		5		4		9	7	
	2	9	7			8	3	4
5				7	4	1	9	3
7				3	9	4	8	
	9			1	8	6	5	7

Sudoku Fun 63

1		8	4		5		3	9
	4	2	3					8
9	7				2	4	1	
6		4	9	2	3	7	5	
7	9		6	5		3	2	4
3	2		1	4	7	8	9	6
4	5		2					
			5	9		1	8	7
	1	9	7			5	4	2

Sudoku Fun 64

9		2	1	7	8	5	3	
	7		6	5	9	8	1	
1	5					6		
		3	7	8	2	1		6
			3		1	2	8	5
	2	1	9	6				3
	8	5		9	7	3		1
7	3		5	1	6	4	2	
4	1		8	2	3	9	5	

Sudoku Fun 65

9	3	1	7				5	8
4	7		1		6	3		
	8				5		1	
3			5		1	7	9	
7			8		2		3	1
5	1	6	3		9	2		4
1		3		9	7	8		5
	5	7	6			9	4	
8	6	9	4			1		

Sudoku Fun 66

6					3	1	5	2
	9	5	7	2	4	6		
2		3	1	5				7
8	2	7		4	1			3
			2	3	5		8	1
	3			8	7		2	6
3	6	2	4	1		8	7	5
			5	7	2	3	6	
7	5		3		8	2	1	4

Sudoku Fun 67

		3	7		2	6		
7		8	4	9	3	5	2	1
2	1			5	8	7		4
				4		2		
				6		9		
9	5	6		8		1	4	3
3	8		5	7		4		
	9	5	8		1		6	7
	7			3	4	8	1	5

Sudoku Fun 68

		1	9		8	6		2
2			7	4	6		1	
7	8	6	5					9
	7		4	9	5	8	6	
1	6	9	8	2	7	4		
4	5	8		6		2	9	
6	1	4		8			3	5
9		5	6		3			
	3	7		5	4	9		

Sudoku Fun 69

		8		4	5	6		1
	6				1	3	7	5
	5	7	9	3	6	4	8	2
6		1	3	9		5	2	8
5	8		1	6			4	3
9		4	8		2		6	
				7		2	1	6
2	4			1		7		
		6	5	2	9		3	4

Sudoku Fun 70

2	8	1	4	7		9	5	
5	3		1	9	6	8		2
6	9			5		4	3	
	1	9	7		4	5		3
			9	1	5	7	8	
7		5	2	3			6	
9			5	2			4	
4	5	3		8	9		1	7
	2	8			7	6		5

Sudoku Fun 71

4	7		8	3	1			
1				7		4		3
3	8	9	4	2			7	1
6		7	3	5			1	4
	1	3	6	8				
			7	1	9	2	3	6
7					8	5	9	2
9	2	1	5				6	8
8	6	5					4	7

Sudoku Fun 72

7	5	2	6		1		9	
		9	7	8		2		5
	4	8	2		5		6	7
		3	4				7	6
4		6				5	2	9
		7	9	5	6	4	3	8
3	6	5	8		9		4	2
			5			6		
				6	2	9		1

Sudoku Fun 73

7	5	3	8	4			9	
8	2				9	3		
	1	9	7	6	3	5	8	2
5	4	1			8			
		7	1			4		
6	8	2	4			9	1	5
	7	4		8		6	5	
	6		9			8		1
1	9	8	3	5		2	7	4

Sudoku Fun 74

3		9			7	2	6	
6		7	1	3		4		
8	4	2	9	5		7		
	9	1		6	8	5	7	
5		3	2	9	4			6
	8			7	1	9		3
1		8		2	5	6	9	4
7			4			3	2	
		4			3	1		

Sudoku Fun 75

5	7	4		8			2	
8	6	3			1	7	9	4
9		1	7	3	4	8	6	5
1	4		8	5		9		
2		9			7	6	5	
7	3			6	9	1		
6	9			1	5	4	8	
4		8	6	7	2	5	3	9
3				9	8			

Sudoku Fun 76

9		4	3	2	1		5	7
7			8	6	5			
5		6	7	9	4	2	1	
8	9	2	6	3	7			
3				1	9		2	6
								9
	5	3		7	8	9	6	2
2		8		5	6	1		4
1		9		4	3	7		5

Sudoku Fun 77

4	8	2	5					1
		7	4	2	1		9	5
5			3	7				2
8	3	6	9		2		7	4
9	4	5			7	2		8
2					5			3
6	2			8		1	5	
1			2	5	6		8	7
7	5		1	9	4		2	6

Sudoku Fun 78

		1	6	8	4	3		
7	5	4	9	3		6		1
	6	3	5	1		9		
1	3		4	7	5	8	6	
6					3	5	1	
					9	7	4	3
5		8	2	9	1		3	
4		2	3	5			7	8
3		6	7	4	8	2	9	5

Sudoku Fun 79

9			4	8		6		7
	6				7		5	
2					1	3		8
	5	9		4	3	2		1
6	1		8	2		9	4	3
3			1	6	9		7	5
4				7	6			9
		1	3	9	4	5	8	
5	9	6	2	1	8	7	3	

Sudoku Fun 80

7			1		2	9	3	
	4				9	5		6
			3	4	5			7
5			9	7	1			2
		9	2		8	6	4	
8		2	4	5	6		9	1
6		8	5		4	1	7	3
4	5	7						9
	2	1	6	9	7	4	5	8

Sudoku Fun 81

		9	1					8
8	1			2		9	6	
			9	6	8	4	1	
				7		6	4	
4	6	1				3		5
7	3				6			
	4	7		8	9	5	3	2
		3	2	4			9	
2	9	6	3			7		4

Sudoku Fun 82

					4		7	3
8		3		7				6
	4	7			6	9		
1		2	9	4	8			7
4	7			6	3		5	
			7		5	8	2	
	8		6			7		
7				8	1		9	
		5	4				8	

Sudoku Fun 83

				1			6	7
9		5	3	7	6		8	
	7			8				
	1				2	8		
2	3	7	9			4		
			1		5		2	3
3	4	8						9
	5		4	9			1	8
6	9					3		5

Sudoku Fun 84

			5	4		2	9	6
4		8	1			7		
5		2			6	4		
	3		6			8		
7					3		6	2
	4	1	2	8	5		7	
		4		5	2			
1		3	8		4			7
			3		7		4	

Sudoku Fun 85

3		8						6
5		6	2	1				
4		7			8			
9	4	1	8	5	2			
		2	4	9	6			
	6		1	7	3		4	
1	8	3			9			4
			3		1	9		
	5		7			3	6	1

Sudoku Fun 86

	8		6	9	2		7	3
7	4			8				2
		3		4	7			8
4				7		5		
6			4		5	8		
		7	1	3		6	9	4
	6					7		
	7		2	6		3	1	
	1	4	7	5	9		8	6

Sudoku Fun 87

6				9		1		8
1	5	9	6	3	8			2
		2	5		1		6	
	1	6	8	2		3		
8	4	5	7				9	
3	2							
	3					8		
	6		9			5	3	
5	9			4	2		1	

Sudoku Fun 88

			4		5	1	2	
				9	2			6
4		2	6	1	8	9		7
		4	1	6	2		3	
2	9			3		6		5
1				5	9			
		6						
8	2	1	3				6	
3			5	8			9	1

Sudoku Fun 89

5	7	9	4			3		2
8		3			9			
	4			5	8	7		
3		1						
	5	6	1	9				4
			6	2			3	7
2		7	5			9	1	8
	8			1				
1		5	9	8				

Sudoku Fun 90

8	6	3			1		7	
1	2			6	4	5	3	
5	7		2			9		
				9	6			
7			1			8	6	
		8	5		7		2	9
9	1	6	3		8		5	4
4		2	6		9			
3	8			2		6		1

Sudoku Fun 91

5			8		9		1	
			6	2		7	5	3
7		2					8	
							2	1
8		5	7			3	9	4
9	3	1	5			8		6
			1			9	4	
		9	2		7	1		5
1			9	5	4		3	

Sudoku Fun 92

	1	2		8		9	5	
	7					3	8	4
	9	4	3		6			7
		7		6		8	9	
9	4			1			6	5
5	6	1	7		8	4		
1			6				4	8
7		9					1	3
4						2		9

Sudoku Fun 93

		3	1				8	
6		8	3					
	9		4			3	2	
				3	2			4
2	7	9	5		1		6	3
3			8		6	2		5
	8	5	6		4	7	3	2
7					5	6	1	8
1		2				4	5	

Sudoku Fun 94

8			5		7			1
	1			2	9		5	3
					3	6	7	
4		2	6	5	1			7
			9					2
7		8		3			9	6
2			4	8	6	3		9
9		6				7		5
	8	1	7		5	2		4

Sudoku Fun 95

8			7	1				
7	3	2					5	
6	1		9			7	2	
	6	8	3		5		9	2
4	2			8			1	3
	9				1	6	8	7
	8		5		6			
5				3				9
9	7	6	1	4	8			5

Sudoku Fun 96

7		1						
6			9	4	7		3	
	3		6	1				
	7			5			2	3
5	2		7		1			8
1		6		2	3	5		9
	6	9	2		4	8	1	
2				8	9	3	6	
8		4			5			2

Sudoku Fun 97

3	8		7					5
	7		8	3	2		1	
	2		4		6			
4				9	5	7	8	
2		3	1		8		9	
8			6	2				
7			5			8	6	
9		8			1			7
5	4		9	8		2	3	

Sudoku Fun 98

4	8	5	7			2		
				8	2		5	
			6		4		1	7
8		6		7	9	1	2	5
5		9	2				4	
1		2					9	8
	1	4			6	5	7	
	5	8	1		7		6	2
		7		3				

Sudoku Fun 99

		4	2					
2				7				3
1						5	2	
3	4	2					9	1
7		8	4				3	2
	9	1	2	8	3		5	
4				3	6		8	
8	1	6	5	9				7
	7	3						

Sudoku Fun 100

	3				9	7		1
		4			2		9	
9		6		1	4	8		3
			4	8			1	7
3					1		6	
4		7						2
6	2	1	9	5	3		7	8
7		3	1				5	6
8			6		7			

Sudoku Fun 101

		6		4	5	2	8	3
1		8	7	3		4	6	
				9	8	7	1	5
	2			8	7		9	6
	3							2
6		1			9		7	
2				7				8
			8				9	1
8					3	6	2	7

Sudoku Fun 102

	2			8	9	7	1	
5	8	7		6				3
				7	6	4	5	
	7	8	1	9		6		
9	6			4	2			7
2		9		5		3		1
7		6					2	4
			7	2			9	

Sudoku Fun 103

						5	4	
	7			9			2	
		8	5	1	4	7	9	
5		9	4	6	8	3	7	2
7		2						8
	8		1		2		5	
9	5		3		1	2		
8		6			9	1	3	
1	2						8	5

Sudoku Fun 104

	7	9	3	1	5	2		
	1			9	7		3	
	6	5		8		9		1
7			8					
5		1			2			
		4		3	1	8	5	7
1	3	6		7		5	9	2
9	5		1			6		8
		8	5			7		3

Sudoku Fun 105

6	4	2	9		3	1	8	5
7		1	6	4			3	9
5	9	3						6
9	2				6			
3		6	5	2	4			
			1	9				
8	3	4	2	5			9	
	5		4			8		
	6			8	9		2	4

Sudoku Fun 106

	2	9	3	4	6		5	7
5			1			2	8	3
			2				9	
3					4	5		1
7		2	5		1		4	8
	5	1	7				3	
	1	4						
	7	5	8				6	
				5	2		1	

Sudoku Fun 107

	1	3	6		9	2		5
	9			3		8		
	4		2	7			3	
	6	5		9				
7	8	1	5				4	
						5		7
	5	4	8	6	2	7	9	3
9							5	2
6		2		5		4		1

Sudoku Fun 108

2		3				4	8	
8		4				1	9	5
	5	1		6		7		2
			7	3	5	8		
	8	7			6	3	1	
3	4	6		1	9	2	5	7
		9				5	4	
4				2				8
	3	8	6		4			

Sudoku Fun 109

	4	9	2			5	3	
	2		1					
	6				4	2	8	
7						9		8
		8		7	5		2	
4	9		8			7		
3	5	1		4	9	8	7	2
2				8		4	9	
9	8		3	2		1		6

Sudoku Fun 110

7	3	1	5	8				
	8				7			5
		4	6	2	3	7	1	8
	9		3				7	2
8	2			9	4	1		6
1	6	7	2	5	8			
	4	8				2	6	
				3				1
				6	5	4		7

Sudoku Fun 111

	6				7	3		
	8		3			2		6
	9	4	1		2		5	8
		6	8		3	5	4	
		1				9		
5	2	3	9	1		8		7
	3	7	2		1			
		9		3	8	6	7	
	4						3	

Sudoku Fun 112

					2	1	7	
9	7	8	5	4	1			2
2	4		7				9	8
		5	6		4	2	8	
7		9	3					6
6				2		7	5	3
8	5	2			6	9		
1				3			4	5
4		6			7		2	

Sudoku Fun 113

2	4	7	1					
	1		4	9		2		
	9			5		6		
6		3			2	4	9	7
	7		6	3				
9		1				8	6	3
	6					9		
					4		1	5
	3	9	5	2	1		8	6

Sudoku Fun 114

			7		2			5
1		9		4		8	2	
2	5			6	1		3	
	2	6						3
	8	7		2				
			5			6	7	
	6		1			3	5	9
9		3				7		
	4		8		3	2	6	1

Sudoku Fun 115

			3		4	1	9	
	3	4		9		6	7	5
			7	6			2	
8				5				2
		6		8		4	1	
7	2	9		1	3		5	6
	7	5	1	3	8			9
9		3		4			6	
					6			

Sudoku Fun 116

6		8					7	
		9	5			2	8	
			8	7	4	6	9	5
9		4		2		5	3	
							2	
5		7	1		3	4		9
7	1		4		2			8
		5			6	7	4	2
		3		5			1	

Sudoku Fun 117

	1	6		8				5
5		3	2	4		8		1
9	2				6		7	
	8		3	9	1	4		
3	4		6	7	5			
		5		2		6		3
8			1	3			4	
	5			6	7			8
			8		4	7	2	

Sudoku Fun 118

1	9	4		3	7		8	
5	2		9		6			4
	8	6				3	9	
	6	1	2			7		
			7		8	2		9
	7	2			3		5	
	4	7	8		5		1	
2	1		3			5	4	
6	5					8		

Sudoku Fun 119

4	8						2	
				5	9	6		
		6						5
	5	4	3		1	2	7	
9	7	8	6	4				1
		3	5	9		4		6
8	4	7	9		3	1		2
	3	9	4	1		7		
	6		2	7	8			

Sudoku Fun 120

				7	1	2	8	4
1			9	4	8	7		5
4					5	9	1	
	3	5	4	1	2		7	
2		4	6	8		3		
	7		5					
5			8	2			3	
			7		4	5	2	1
	4		1	5	3	8		

Sudoku Fun 121

	5	9	4				2	7
			2	3	7		9	
	7		9	6		8		4
						3		6
4					2		7	1
1		7				5		
		3			4			8
5			3			4	6	9
	4		1		6	2		3

Sudoku Fun 122

	3	9	6	4	1	7		
							9	1
			3	7	9			
	4		2	8	7	5		3
	7				3		1	9
		4	9		8	1		6
						2	5	7
		6			2	9		

Sudoku Fun 123

		5	4		7	6		8
	7		3			2		1
				2	6		7	5
	3	8						
1		2	9	7		8		
			8	1				
	4	1	6	3			5	9
				4	1		8	6
5		3		8			2	4

Sudoku Fun 124

	5		4	6	2	9		1
		8	7				5	
	9		8	1	5	7		2
7	6	4						
			1	2		8		
			5		7	6		
2	7			5			6	8
6			2			3		
9		1	6			5		4

Sudoku Fun 125

9	1				6			2
6	4		9		2		1	7
							3	
	9	4			7	5	2	
8			4			7		
2			5	3		9		
4		8	1	9				
3	5		2		8	1		6
7								

Sudoku Fun 126

4	7	6	2	9		5		
	9	8				4		
	5						6	
		2	5	1		6	3	
							9	1
	6	1		4			7	
				3				
7	1	4	6		9	3		
			1			7	2	9

Sudoku Fun 127

8							9	
		4				8		
						6	4	7
6				5	2			4
	8		7	1			5	
		3		4			7	
7		8		6	1	5		2
	6		4				1	
1	9		5		7	4		8

Sudoku Fun 128

					9			3
5	3		4		7			
	7	6		8	1			
		8	5	2	6	3		4
4				8	9	1		
				1		9	2	8
	1			4	5			
	5	9			8			
7	8			3	2	5	9	

Sudoku Fun 129

8	5				1		3	
4			5	8			1	
9	1	2	3	4		5	8	
3				5	8		7	
								5
7		5		9	4		2	8
1	2	3	7		5			
				8			9	
5	9					1		7

Sudoku Fun 130

2			8	6	1			
					9	6	8	3
				5		1		
3	7	5	1		6	8		
1	4	9		3	8			2
				7	4		1	
	3			8			5	
5		6			2	4	7	8
	2		4		5			

Sudoku Fun 131

	2				7			
		3		8	1	7	9	2
			9			1		
	6	1		7	8			
5			4				8	7
	8			9	5			6
			8	4				3
2	4			5	3		6	
8		5	7	6		4	2	

Sudoku Fun 132

		9	8					
		1	4		3	5		2
7	3			9			4	
	1			4			7	8
								5
5			2	8	6		1	4
	9			5		2	6	
1			6		8		5	
3	6		7	2		4		1

Sudoku Fun 133

3				2			7	8
4	8			7	6	1	9	
		1			9			
9				3	5		6	
2	6		4		7		5	
			6				2	
	2					4	3	6
	3		8		2			9
5				6		2	8	

Sudoku Fun 134

	6			1			8	
						7		4
2				9				
1								3
4	8		3					1
6	3			4	1		9	
9		3	1	6		8		
8	1		7		9		6	
	5	6		8	2	1		

Sudoku Fun 135

			5		7	4	3	
3	4	7	9	1	8		5	
		2	3				1	7
				8	1	3		
	2		6		3	9	4	
		4			5			1
2	7						8	4
					2			3
5		3						6

Sudoku Fun 136

1	2	4	8			3	6	7
			3					
3	5			4	6			8
						8	9	2
					8	6		3
	6		9	3	5			4
4			2					
2		6	5	7		4		
		8	6				2	1

Sudoku Fun 137

2		7			3	6		8
	4					2		7
	6		5	7		9		
	1	9	5	2			8	
				1	8		6	
		4			6			
8	7	3				4		2
	5	1						6
				7			9	5

Sudoku Fun 138

			5	3		7		
	1		6				4	3
		6						
	8	9			1	4		5
							3	9
	3	4	7		6	2		8
8		3						
		2	5	4	8		9	
4	9	7		1			5	6

Sudoku Fun 139

	6	1	8		4			
9			2	7				
	7	3						4
7	8		1	4				5
3	9	4	5	6		1	8	
		6	9			4		7
	5				8			
			3			5	7	6
1		7						

Sudoku Fun 140

	1	7	8			3		
			4		3			7
8	5		9			6	2	
5	7					1	6	
							5	
	9			6				
				3				6
	6	5		4	7			1
7			6		5	4	3	2

Sudoku Fun 141

	9			8				
3		8		6	4			5
4	5							
					7	1		4
	6	4					9	
1				4		5		6
	4		5	2			8	
6	2	5		7	9	4		
8	7	1		3		9		

Sudoku Fun 142

6						2		
				9			6	1
	3					8	5	7
	6	7	5	2		3		9
3	8	5						2
	2		6			1	8	
		3		5				
8			9	4		7		
	9	6	3		1	5	2	

Sudoku Fun 143

	8	6						
5				4	6	1		8
1	2	3				4	6	5
	9		5				2	
	1		4				9	6
			9	6	2	8		4
				2	4	3	8	1
7				8	9		5	
2								

Sudoku Fun 144

3					8			
		6	3		7	8		1
		8		2			6	
9				4	1	2	8	
1			2		5	3		7
		7		3	9			4
			4			1		
				7	2			
	8	9			6	4		

Sudoku Fun 145

7	5		2				8	3
1			7					4
		2			8	7		
9		1						7
2				8			4	
	4					2		8
8	2		5		1		3	
3		5	4		7			2
		9		3		1		

Sudoku Fun 146

8		6	5	3	4			1
9		1		8				5
4	5			2		3	6	
						5	3	
			3			2	1	6
	6				5	8		9
			2			1		3
		2	9	5			7	4

Sudoku Fun 147

5				7		8	4	
9			4		8			3
	3		5		6	7		
	5	8			4		3	
		6	7	8	1	2	9	
	9							
		3	6					4
4		5				3	1	
6				4			8	2

Sudoku Fun 148

		2	7		5	8	3	1
					2	5		
5		7	8					
6			3					
		1		2	7	4	6	9
2		4	6	8				3
	4	5	1					8
3				7		1		
		8						

Sudoku Fun 149

		8		3	7			
4	3					7		1
6	7	5					2	8
			7					
			5	1	4	2		9
5	4	1	6			8	7	
	5		9	2	6	4		
	2				1			5
			4	5	8			

Sudoku Fun 150

5	3	8		2				
		9		1				
4	7		5	6			3	8
	1				7		9	5
	2							
8	9		1	4	3	6	2	
1	8		9	2	4	7	5	
			7		8			
				5	6		8	9

Sudoku Fun 151

		2			1		8	4
1			7	5			9	6
			8	4				2
					4	6	3	
	1				8			
		8				1		9
7		1	6	8				
3	9			2				
8	2	6	9		3			

Sudoku Fun 152

6	3	8		2	1			
7	9	2	6	4		3		
							6	2
		5		7	8		2	
1	2	7				8		
							7	4
	5	3			2		8	7
	7		8					
		6		5	7	2	3	9

Sudoku Fun 153

	8		6				4	
6		4		8	7			9
	7			4				3
	9	3	7	1	2		6	
2		5				8		1
	6						9	2
5		8			4			6
7	2	6			3			4
	3		5		1		2	

Sudoku Fun 154

	7	4		1	3			6
8	1							
6						8	1	7
3				4	9	7		
	9	7		5	8	3		
	4	8			7			9
1							3	
7	3			8	6	9		
4				3			7	

Sudoku Fun 155

		7	4	6	1	2	9	
	1	6		7			8	
	4		3			6		
			5		3	1	6	2
				1		9		
								3
		2	1		5			
8	3		2			7		
1	6		7		9	5		

Sudoku Fun 156

	1		2				3	
9				6		2		
				5		7		6
	6		3	4	5	8	9	7
3	5							
7		8		2		5		
	4	9	8				7	5
8		2		7		1		
	7	5	9	3		4		8

Sudoku Fun 157

1					8	6	7	2
			9	1				3
						9		
9		1		3				5
7		4	2	8		1	9	
	8	5	1	7				
	5				2	3		
4	1	2				8		7
		7	8		1			

Sudoku Fun 158

1					6		2	
	4		2	3		7		1
			1			6	8	
			7		3	9	4	6
9			5		4		3	
6		4		9		2	7	5
	6			7	5			2
	1		6			8		3
	2				8	5		

Sudoku Fun 159

8	4			7			5	
3		9		1		4	6	
1		5			8	9	7	
9		1	6	4		3		
	3						4	1
	8	4			1			
			5		4		9	7
	5			2			3	
				6		5	1	

Sudoku Fun 160

5		8			4	7	2	6
			6				3	
		1			3			
		7	5		1		6	
					2	4	9	
6			2	9				5
7		5	3			6	4	
3				2		1		
		6				3	7	9

Sudoku Fun 1

3	6	7	2	1	9	8	5	4
1	2	5	4	3	8	6	9	7
8	4	9	6	7	5	1	3	2
6	3	4	7	5	1	9	2	8
9	1	2	8	4	6	5	7	3
5	7	8	9	2	3	4	6	1
2	8	3	5	6	4	7	1	9
7	9	6	1	8	2	3	4	5
4	5	1	3	9	7	2	8	6

Sudoku Fun 2

7	6	1	8	4	9	3	5	2
2	9	5	7	6	3	8	4	1
8	4	3	5	1	2	7	6	9
1	2	6	3	9	7	5	8	4
9	3	4	6	8	5	2	1	7
5	7	8	4	2	1	6	9	3
4	5	2	9	3	8	1	7	6
6	1	7	2	5	4	9	3	8
3	8	9	1	7	6	4	2	5

Sudoku Fun 3

5	6	9	2	1	7	3	8	4
1	2	3	5	4	8	7	6	9
8	4	7	9	3	6	5	1	2
7	9	6	4	5	3	1	2	8
2	1	4	7	8	9	6	5	3
3	5	8	1	6	2	9	4	7
4	7	2	6	9	1	8	3	5
9	3	1	8	2	5	4	7	6
6	8	5	3	7	4	2	9	1

Sudoku Fun 4

7	3	5	4	1	6	9	8	2
8	6	9	3	2	5	4	1	7
1	4	2	7	9	8	5	6	3
3	7	8	6	4	1	2	5	9
6	9	4	2	5	7	8	3	1
2	5	1	9	8	3	7	4	6
5	2	3	8	6	9	1	7	4
4	8	6	1	7	2	3	9	5
9	1	7	5	3	4	6	2	8

Sudoku Fun 5

9	1	8	7	6	4	5	2	3
7	3	2	9	8	5	4	1	6
5	6	4	2	1	3	9	7	8
2	4	9	1	3	6	8	5	7
8	7	6	5	4	2	1	3	9
3	5	1	8	9	7	6	4	2
4	2	7	6	5	9	3	8	1
1	9	5	3	2	8	7	6	4
6	8	3	4	7	1	2	9	5

Sudoku Fun 6

9	4	1	8	3	5	6	7	2
3	5	2	7	1	6	4	9	8
7	8	6	9	4	2	5	1	3
1	6	7	2	5	9	3	8	4
2	9	8	3	6	4	7	5	1
4	3	5	1	7	8	9	2	6
5	2	3	6	8	7	1	4	9
8	1	4	5	9	3	2	6	7
6	7	9	4	2	1	8	3	5

Sudoku Fun 7

9	4	1	3	5	8	7	6	2
5	8	6	9	7	2	4	3	1
3	7	2	6	4	1	5	8	9
1	9	5	4	6	3	2	7	8
8	2	4	1	9	7	6	5	3
6	3	7	2	8	5	1	9	4
2	6	9	5	3	4	8	1	7
4	5	8	7	1	9	3	2	6
7	1	3	8	2	6	9	4	5

Sudoku Fun 8

8	1	4	7	5	3	2	6	9
5	3	7	9	2	6	8	4	1
9	6	2	1	8	4	3	7	5
7	5	6	8	1	9	4	2	3
2	9	8	3	4	7	5	1	6
1	4	3	2	6	5	7	9	8
4	8	9	6	3	2	1	5	7
3	7	5	4	9	1	6	8	2
6	2	1	5	7	8	9	3	4

Sudoku Fun 9

4	9	1	8	7	3	6	5	2
6	2	3	5	4	1	8	9	7
7	8	5	9	2	6	1	4	3
3	4	6	1	8	5	7	2	9
8	5	7	6	9	2	3	1	4
9	1	2	4	3	7	5	8	6
2	7	9	3	5	8	4	6	1
1	3	8	2	6	4	9	7	5
5	6	4	7	1	9	2	3	8

Sudoku Fun 10

8	6	3	1	5	9	2	7	4
9	7	5	8	2	4	6	3	1
1	4	2	3	7	6	8	5	9
6	5	8	2	3	1	4	9	7
3	9	4	5	6	7	1	8	2
7	2	1	4	9	8	3	6	5
2	3	6	9	1	5	7	4	8
4	1	9	7	8	3	5	2	6
5	8	7	6	4	2	9	1	3

Sudoku Fun 11

1	4	7	8	5	9	6	3	2
3	6	5	2	1	4	9	8	7
8	2	9	6	7	3	1	4	5
2	3	4	1	9	8	7	5	6
5	9	6	3	4	7	8	2	1
7	1	8	5	2	6	3	9	4
6	7	2	9	3	5	4	1	8
4	5	3	7	8	1	2	6	9
9	8	1	4	6	2	5	7	3

Sudoku Fun 12

7	4	1	6	8	3	9	5	2
3	8	2	4	9	5	6	7	1
6	9	5	1	7	2	3	8	4
1	3	6	7	5	9	2	4	8
4	2	8	3	6	1	5	9	7
5	7	9	8	2	4	1	6	3
9	6	4	2	3	8	7	1	5
2	1	7	5	4	6	8	3	9
8	5	3	9	1	7	4	2	6

Sudoku Fun 13

6	1	5	8	3	9	2	4	7
7	4	2	5	1	6	3	8	9
9	8	3	2	7	4	6	5	1
8	3	4	7	2	1	5	9	6
2	7	9	3	6	5	8	1	4
5	6	1	9	4	8	7	2	3
1	5	6	4	8	3	9	7	2
4	9	7	6	5	2	1	3	8
3	2	8	1	9	7	4	6	5

Sudoku Fun 14

7	6	4	5	3	8	9	1	2
5	2	1	4	6	9	3	7	8
3	8	9	1	2	7	5	4	6
1	9	6	3	7	4	2	8	5
8	5	3	2	1	6	7	9	4
2	4	7	8	9	5	6	3	1
9	7	5	6	8	1	4	2	3
6	1	2	7	4	3	8	5	9
4	3	8	9	5	2	1	6	7

Sudoku Fun 15

2	1	8	5	4	9	7	3	6
5	3	4	8	6	7	1	9	2
9	6	7	2	3	1	5	8	4
4	9	6	7	1	8	3	2	5
3	2	5	6	9	4	8	7	1
8	7	1	3	5	2	6	4	9
6	4	3	9	8	5	2	1	7
1	5	2	4	7	3	9	6	8
7	8	9	1	2	6	4	5	3

Sudoku Fun 16

2	4	7	5	3	9	1	6	8
3	8	1	7	6	2	5	4	9
6	9	5	4	8	1	2	3	7
4	2	3	8	7	6	9	1	5
1	6	8	2	9	5	4	7	3
7	5	9	3	1	4	8	2	6
5	1	6	9	2	3	7	8	4
9	7	2	6	4	8	3	5	1
8	3	4	1	5	7	6	9	2

Sudoku Fun 17

9	7	8	4	2	3	6	5	1
4	1	5	8	9	6	7	2	3
2	3	6	7	5	1	4	8	9
3	9	1	5	7	2	8	4	6
7	6	4	3	1	8	5	9	2
5	8	2	9	6	4	1	3	7
8	2	7	6	4	9	3	1	5
1	5	3	2	8	7	9	6	4
6	4	9	1	3	5	2	7	8

Sudoku Fun 18

6	8	1	4	2	7	5	9	3
7	2	3	1	9	5	6	8	4
9	4	5	3	6	8	7	2	1
1	7	6	8	5	9	3	4	2
8	5	4	7	3	2	1	6	9
3	9	2	6	1	4	8	7	5
5	3	9	2	8	6	4	1	7
4	1	8	9	7	3	2	5	6
2	6	7	5	4	1	9	3	8

Sudoku Fun 19

5	9	1	2	4	3	8	7	6
3	6	7	1	9	8	5	4	2
2	8	4	5	7	6	1	3	9
4	2	5	6	1	7	9	8	3
6	3	9	4	8	5	2	1	7
1	7	8	9	3	2	4	6	5
7	1	3	8	2	9	6	5	4
9	4	6	3	5	1	7	2	8
8	5	2	7	6	4	3	9	1

Sudoku Fun 20

2	7	8	3	9	6	1	5	4
5	1	3	2	4	7	8	6	9
4	6	9	8	5	1	3	7	2
6	4	7	5	8	2	9	1	3
8	5	1	7	3	9	4	2	6
3	9	2	1	6	4	5	8	7
7	3	5	9	2	8	6	4	1
9	2	4	6	1	5	7	3	8
1	8	6	4	7	3	2	9	5

Sudoku Fun 21

8	5	1	4	7	6	9	3	2
2	7	3	9	8	5	6	1	4
9	4	6	1	3	2	5	8	7
4	3	8	6	9	7	1	2	5
5	1	2	3	4	8	7	9	6
6	9	7	2	5	1	3	4	8
1	8	5	7	2	3	4	6	9
3	2	9	5	6	4	8	7	1
7	6	4	8	1	9	2	5	3

Sudoku Fun 22

4	6	2	7	5	1	8	3	9
7	5	9	3	8	2	6	4	1
8	1	3	9	4	6	2	7	5
2	4	1	6	7	9	5	8	3
9	3	6	5	1	8	7	2	4
5	7	8	2	3	4	1	9	6
6	2	4	8	9	5	3	1	7
1	8	7	4	6	3	9	5	2
3	9	5	1	2	7	4	6	8

Sudoku Fun 23

8	1	9	3	5	6	4	2	7
4	6	5	7	8	2	9	1	3
2	7	3	4	9	1	8	6	5
9	8	1	6	2	7	3	5	4
3	5	2	9	4	8	6	7	1
6	4	7	5	1	3	2	8	9
5	9	6	8	7	4	1	3	2
1	3	4	2	6	5	7	9	8
7	2	8	1	3	9	5	4	6

Sudoku Fun 24

9	3	8	5	2	1	7	6	4
6	7	5	3	4	9	1	2	8
1	2	4	7	8	6	3	9	5
3	1	9	8	5	2	4	7	6
4	5	2	6	7	3	8	1	9
8	6	7	1	9	4	2	5	3
2	4	1	9	6	8	5	3	7
7	8	6	2	3	5	9	4	1
5	9	3	4	1	7	6	8	2

Sudoku Fun 25

9	5	1	4	2	8	6	3	7
8	3	4	7	1	6	9	2	5
7	2	6	5	3	9	4	8	1
1	8	7	9	6	5	2	4	3
2	6	5	1	4	3	7	9	8
4	9	3	2	8	7	5	1	6
3	1	2	6	5	4	8	7	9
5	4	9	8	7	1	3	6	2
6	7	8	3	9	2	1	5	4

Sudoku Fun 26

2	9	5	7	4	6	8	3	1
4	8	6	2	1	3	9	7	5
3	1	7	5	8	9	6	2	4
5	4	1	9	3	8	7	6	2
8	7	3	6	2	4	1	5	9
9	6	2	1	7	5	3	4	8
6	5	4	8	9	7	2	1	3
7	2	9	3	5	1	4	8	6
1	3	8	4	6	2	5	9	7

Sudoku Fun 27

1	7	5	4	6	3	9	8	2
4	8	6	9	2	7	3	1	5
2	3	9	5	8	1	7	4	6
6	5	2	7	3	4	1	9	8
7	9	3	8	1	2	5	6	4
8	4	1	6	9	5	2	7	3
5	6	4	3	7	9	8	2	1
9	1	8	2	5	6	4	3	7
3	2	7	1	4	8	6	5	9

Sudoku Fun 28

5	7	2	8	4	1	6	9	3
6	4	8	3	9	2	5	1	7
1	9	3	6	7	5	4	8	2
8	1	5	2	3	9	7	4	6
3	2	4	1	6	7	8	5	9
7	6	9	5	8	4	2	3	1
2	8	1	9	5	6	3	7	4
9	5	7	4	2	3	1	6	8
4	3	6	7	1	8	9	2	5

Sudoku Fun 29

3	7	9	8	5	2	1	6	4
2	5	6	9	4	1	8	7	3
8	4	1	3	7	6	9	2	5
1	6	4	5	3	7	2	8	9
9	8	3	2	1	4	6	5	7
5	2	7	6	8	9	4	3	1
7	1	8	4	6	5	3	9	2
6	9	5	1	2	3	7	4	8
4	3	2	7	9	8	5	1	6

Sudoku Fun 30

4	2	6	8	1	3	5	7	9
5	1	7	4	6	9	3	2	8
8	3	9	7	5	2	4	1	6
9	8	1	2	7	4	6	5	3
2	6	4	1	3	5	8	9	7
3	7	5	6	9	8	2	4	1
1	5	8	3	4	7	9	6	2
6	9	3	5	2	1	7	8	4
7	4	2	9	8	6	1	3	5

Sudoku Fun 31

5	1	3	4	7	2	6	8	9
4	9	6	1	5	8	2	3	7
7	8	2	3	9	6	4	5	1
8	5	7	9	4	1	3	2	6
6	3	1	2	8	5	9	7	4
9	2	4	6	3	7	5	1	8
2	4	9	7	1	3	8	6	5
3	7	8	5	6	4	1	9	2
1	6	5	8	2	9	7	4	3

Sudoku Fun 32

2	7	9	3	5	6	4	8	1
4	3	8	1	2	7	5	9	6
6	1	5	9	8	4	3	7	2
9	2	7	8	3	5	6	1	4
8	4	1	6	9	2	7	3	5
3	5	6	7	4	1	9	2	8
5	8	3	4	1	9	2	6	7
1	6	2	5	7	3	8	4	9
7	9	4	2	6	8	1	5	3

Sudoku Fun 33

4	8	6	7	5	1	2	9	3
5	3	7	6	2	9	1	8	4
2	1	9	3	4	8	6	7	5
6	2	3	5	8	7	4	1	9
1	5	4	9	6	2	7	3	8
9	7	8	4	1	3	5	2	6
3	9	5	2	7	6	8	4	1
7	6	1	8	9	4	3	5	2
8	4	2	1	3	5	9	6	7

Sudoku Fun 34

1	7	5	9	2	4	3	6	8
6	8	4	3	5	1	7	2	9
9	2	3	8	6	7	4	1	5
3	6	2	5	8	9	1	7	4
8	5	7	1	4	3	6	9	2
4	9	1	2	7	6	5	8	3
7	4	8	6	3	2	9	5	1
5	1	6	4	9	8	2	3	7
2	3	9	7	1	5	8	4	6

Sudoku Fun 35

1	4	6	9	2	5	7	3	8
7	2	5	6	3	8	9	1	4
9	3	8	4	1	7	6	5	2
5	6	1	3	4	9	2	8	7
2	9	3	7	8	1	5	4	6
8	7	4	2	5	6	1	9	3
4	8	9	1	7	2	3	6	5
3	1	7	5	6	4	8	2	9
6	5	2	8	9	3	4	7	1

Sudoku Fun 36

2	9	1	4	8	6	3	5	7
4	3	5	7	2	1	8	6	9
6	7	8	3	5	9	4	2	1
7	1	6	9	3	2	5	4	8
3	2	4	8	7	5	1	9	6
5	8	9	1	6	4	7	3	2
9	6	7	5	4	8	2	1	3
8	5	2	6	1	3	9	7	4
1	4	3	2	9	7	6	8	5

Sudoku Fun 37

9	5	2	4	6	3	1	8	7
3	6	7	5	1	8	4	2	9
8	1	4	2	9	7	3	6	5
5	3	8	7	2	1	9	4	6
4	9	6	3	8	5	2	7	1
2	7	1	6	4	9	5	3	8
1	4	9	8	7	2	6	5	3
7	2	5	9	3	6	8	1	4
6	8	3	1	5	4	7	9	2

Sudoku Fun 38

2	6	1	9	3	5	4	8	7
5	3	4	8	7	6	1	2	9
7	8	9	1	4	2	6	3	5
4	2	7	5	8	1	9	6	3
6	9	3	7	2	4	8	5	1
8	1	5	6	9	3	2	7	4
9	4	8	2	5	7	3	1	6
3	7	6	4	1	8	5	9	2
1	5	2	3	6	9	7	4	8

Sudoku Fun 39

3	2	7	1	5	4	6	8	9
8	1	6	7	3	9	2	4	5
4	9	5	8	6	2	1	7	3
6	8	1	9	4	3	7	5	2
5	4	2	6	1	7	9	3	8
7	3	9	2	8	5	4	1	6
9	5	8	4	7	6	3	2	1
1	6	4	3	2	8	5	9	7
2	7	3	5	9	1	8	6	4

Sudoku Fun 40

3	6	4	2	7	5	1	9	8
1	2	8	4	3	9	7	6	5
9	5	7	1	8	6	3	4	2
7	4	2	5	6	3	8	1	9
8	3	9	7	4	1	5	2	6
6	1	5	8	9	2	4	3	7
4	7	6	3	2	8	9	5	1
5	9	3	6	1	7	2	8	4
2	8	1	9	5	4	6	7	3

Sudoku Fun 41

7	2	1	8	9	4	6	5	3
8	4	9	3	5	6	7	1	2
6	3	5	2	7	1	9	4	8
9	1	7	6	3	5	2	8	4
3	8	6	4	2	7	5	9	1
4	5	2	1	8	9	3	7	6
5	6	8	9	1	3	4	2	7
2	9	4	7	6	8	1	3	5
1	7	3	5	4	2	8	6	9

Sudoku Fun 42

2	8	4	6	5	9	7	1	3
7	1	5	3	4	2	8	9	6
9	6	3	1	7	8	5	4	2
5	2	8	9	6	1	3	7	4
4	9	7	2	3	5	6	8	1
1	3	6	7	8	4	9	2	5
8	7	2	5	1	3	4	6	9
3	4	9	8	2	6	1	5	7
6	5	1	4	9	7	2	3	8

Sudoku Fun 43

7	5	1	9	2	8	4	3	6
9	3	2	5	6	4	8	1	7
4	6	8	7	1	3	2	5	9
1	4	9	8	3	6	7	2	5
3	8	6	2	7	5	1	9	4
2	7	5	4	9	1	3	6	8
6	1	7	3	4	9	5	8	2
8	2	3	6	5	7	9	4	1
5	9	4	1	8	2	6	7	3

Sudoku Fun 44

7	2	6	8	3	4	5	9	1
9	1	5	7	6	2	4	3	8
8	4	3	5	9	1	2	7	6
2	9	8	6	4	5	3	1	7
1	6	7	2	8	3	9	4	5
3	5	4	9	1	7	6	8	2
4	8	2	3	7	6	1	5	9
5	7	1	4	2	9	8	6	3
6	3	9	1	5	8	7	2	4

Sudoku Fun 45

6	2	3	9	5	8	1	4	7
5	7	1	2	3	4	6	8	9
4	9	8	7	1	6	5	2	3
7	5	6	4	8	1	9	3	2
9	8	2	5	7	3	4	6	1
1	3	4	6	9	2	8	7	5
8	1	5	3	6	7	2	9	4
2	6	7	1	4	9	3	5	8
3	4	9	8	2	5	7	1	6

Sudoku Fun 46

4	7	5	1	3	6	8	2	9
3	2	8	4	9	7	5	1	6
9	1	6	2	8	5	4	3	7
2	8	9	5	7	4	3	6	1
5	3	4	9	6	1	7	8	2
1	6	7	8	2	3	9	4	5
8	5	3	6	1	9	2	7	4
7	4	1	3	5	2	6	9	8
6	9	2	7	4	8	1	5	3

Sudoku Fun 47

5	4	3	8	6	9	7	1	2
1	7	6	4	2	3	8	9	5
8	9	2	7	1	5	6	4	3
9	1	7	5	8	2	3	6	4
6	5	8	9	3	4	1	2	7
3	2	4	6	7	1	5	8	9
4	8	5	1	9	7	2	3	6
7	3	1	2	4	6	9	5	8
2	6	9	3	5	8	4	7	1

Sudoku Fun 48

2	8	3	7	9	6	5	1	4
1	7	9	2	5	4	8	6	3
4	6	5	1	8	3	2	7	9
5	9	1	6	2	8	4	3	7
6	3	4	5	7	9	1	2	8
7	2	8	3	4	1	9	5	6
3	4	7	8	1	2	6	9	5
8	5	2	9	6	7	3	4	1
9	1	6	4	3	5	7	8	2

Sudoku Fun 49

3	7	2	4	9	8	5	1	6
4	1	8	6	3	5	9	2	7
9	6	5	1	2	7	4	8	3
5	3	6	8	7	9	1	4	2
7	4	9	2	6	1	8	3	5
8	2	1	5	4	3	6	7	9
1	8	3	7	5	6	2	9	4
6	9	4	3	8	2	7	5	1
2	5	7	9	1	4	3	6	8

Sudoku Fun 50

1	7	9	2	4	8	6	5	3
4	5	6	1	9	3	8	2	7
2	3	8	5	6	7	1	4	9
6	1	5	4	8	9	7	3	2
9	2	7	6	3	5	4	8	1
8	4	3	7	1	2	9	6	5
7	6	4	3	2	1	5	9	8
5	8	2	9	7	6	3	1	4
3	9	1	8	5	4	2	7	6

Sudoku Fun 51

1	2	3	8	7	6	5	4	9
7	8	6	4	5	9	3	2	1
5	9	4	2	1	3	6	7	8
4	5	8	1	9	7	2	3	6
2	3	1	6	8	4	7	9	5
6	7	9	3	2	5	8	1	4
8	6	2	9	3	1	4	5	7
9	4	5	7	6	2	1	8	3
3	1	7	5	4	8	9	6	2

Sudoku Fun 52

2	1	5	6	9	3	4	7	8
4	6	9	1	7	8	2	3	5
8	3	7	5	2	4	1	9	6
3	8	2	4	6	5	7	1	9
6	7	1	8	3	9	5	2	4
9	5	4	2	1	7	6	8	3
5	9	8	7	4	2	3	6	1
1	2	3	9	5	6	8	4	7
7	4	6	3	8	1	9	5	2

Sudoku Fun 53

6	7	1	2	4	9	8	3	5
9	3	2	8	7	5	1	4	6
4	8	5	6	3	1	7	9	2
5	4	3	9	2	8	6	1	7
7	6	8	1	5	3	4	2	9
2	1	9	4	6	7	3	5	8
3	9	6	5	8	4	2	7	1
8	5	4	7	1	2	9	6	3
1	2	7	3	9	6	5	8	4

Sudoku Fun 54

8	9	3	7	4	1	6	5	2
5	4	7	2	9	6	3	8	1
2	6	1	8	5	3	7	4	9
1	3	6	5	2	4	9	7	8
4	5	9	3	7	8	1	2	6
7	8	2	1	6	9	5	3	4
9	7	4	6	3	2	8	1	5
6	1	5	4	8	7	2	9	3
3	2	8	9	1	5	4	6	7

Sudoku Fun 55

9	5	6	4	7	3	1	2	8
7	8	4	1	5	2	9	3	6
2	3	1	6	8	9	7	4	5
3	6	2	9	1	8	5	7	4
5	4	9	2	6	7	3	8	1
1	7	8	5	3	4	2	6	9
6	9	3	8	2	5	4	1	7
4	1	7	3	9	6	8	5	2
8	2	5	7	4	1	6	9	3

Sudoku Fun 56

2	9	8	3	1	5	6	4	7
6	1	3	4	7	8	9	5	2
5	7	4	9	6	2	1	3	8
8	4	2	6	3	7	5	9	1
7	5	6	1	2	9	4	8	3
1	3	9	8	5	4	7	2	6
9	8	7	2	4	1	3	6	5
4	6	5	7	8	3	2	1	9
3	2	1	5	9	6	8	7	4

Sudoku Fun 57

9	2	8	3	4	5	6	7	1
1	6	7	8	9	2	3	4	5
3	5	4	1	7	6	9	2	8
7	3	6	4	5	8	2	1	9
5	1	9	7	2	3	8	6	4
4	8	2	9	6	1	5	3	7
6	9	3	5	1	4	7	8	2
2	4	5	6	8	7	1	9	3
8	7	1	2	3	9	4	5	6

Sudoku Fun 58

5	1	3	8	4	2	6	7	9
9	4	8	6	1	7	2	5	3
6	2	7	9	3	5	8	1	4
7	5	6	3	9	1	4	8	2
4	8	1	2	5	6	9	3	7
3	9	2	4	7	8	1	6	5
1	6	5	7	2	9	3	4	8
8	3	9	5	6	4	7	2	1
2	7	4	1	8	3	5	9	6

Sudoku Fun 59

9	5	8	3	7	2	1	4	6
7	4	6	9	8	1	5	3	2
2	1	3	6	5	4	8	7	9
1	8	5	4	3	9	2	6	7
6	2	4	7	1	8	9	5	3
3	7	9	5	2	6	4	1	8
4	3	7	2	9	5	6	8	1
5	9	1	8	6	7	3	2	4
8	6	2	1	4	3	7	9	5

Sudoku Fun 60

5	4	6	7	3	1	8	9	2
3	2	7	6	9	8	4	1	5
1	9	8	2	4	5	6	3	7
4	8	2	9	5	3	7	6	1
9	7	5	4	1	6	2	8	3
6	1	3	8	2	7	5	4	9
8	3	1	5	6	2	9	7	4
2	6	4	3	7	9	1	5	8
7	5	9	1	8	4	3	2	6

Sudoku Fun 61

8	3	4	1	7	6	2	5	9
9	7	1	5	3	2	6	4	8
5	6	2	8	4	9	1	3	7
1	4	9	6	2	3	7	8	5
2	8	3	7	9	5	4	6	1
7	5	6	4	8	1	9	2	3
6	9	8	3	1	4	5	7	2
4	2	7	9	5	8	3	1	6
3	1	5	2	6	7	8	9	4

Sudoku Fun 62

2	3	1	9	6	7	5	4	8
9	7	4	1	8	5	3	2	6
6	5	8	4	2	3	7	1	9
3	4	7	8	9	1	2	6	5
8	6	5	3	4	2	9	7	1
1	2	9	7	5	6	8	3	4
5	8	2	6	7	4	1	9	3
7	1	6	5	3	9	4	8	2
4	9	3	2	1	8	6	5	7

Sudoku Fun 63

1	6	8	4	7	5	2	3	9
5	4	2	3	1	9	6	7	8
9	7	3	8	6	2	4	1	5
6	8	4	9	2	3	7	5	1
7	9	1	6	5	8	3	2	4
3	2	5	1	4	7	8	9	6
4	5	7	2	8	1	9	6	3
2	3	6	5	9	4	1	8	7
8	1	9	7	3	6	5	4	2

Sudoku Fun 64

9	6	2	1	7	8	5	3	4
3	7	4	6	5	9	8	1	2
1	5	8	2	3	4	6	7	9
5	4	3	7	8	2	1	9	6
6	9	7	3	4	1	2	8	5
8	2	1	9	6	5	7	4	3
2	8	5	4	9	7	3	6	1
7	3	9	5	1	6	4	2	8
4	1	6	8	2	3	9	5	7

Sudoku Fun 65

9	3	1	7	2	4	6	5	8
4	7	5	1	8	6	3	2	9
6	8	2	9	3	5	4	1	7
3	2	8	5	4	1	7	9	6
7	9	4	8	6	2	5	3	1
5	1	6	3	7	9	2	8	4
1	4	3	2	9	7	8	6	5
2	5	7	6	1	8	9	4	3
8	6	9	4	5	3	1	7	2

Sudoku Fun 66

6	7	4	8	9	3	1	5	2
1	9	5	7	2	4	6	3	8
2	8	3	1	5	6	9	4	7
8	2	7	6	4	1	5	9	3
9	4	6	2	3	5	7	8	1
5	3	1	9	8	7	4	2	6
3	6	2	4	1	9	8	7	5
4	1	8	5	7	2	3	6	9
7	5	9	3	6	8	2	1	4

Sudoku Fun 67

5	4	3	7	1	2	6	8	9
7	6	8	4	9	3	5	2	1
2	1	9	6	5	8	7	3	4
8	3	7	1	4	9	2	5	6
1	2	4	3	6	5	9	7	8
9	5	6	2	8	7	1	4	3
3	8	1	5	7	6	4	9	2
4	9	5	8	2	1	3	6	7
6	7	2	9	3	4	8	1	5

Sudoku Fun 68

5	4	1	9	3	8	6	7	2
2	9	3	7	4	6	5	1	8
7	8	6	5	1	2	3	4	9
3	7	2	4	9	5	8	6	1
1	6	9	8	2	7	4	5	3
4	5	8	3	6	1	2	9	7
6	1	4	2	8	9	7	3	5
9	2	5	6	7	3	1	8	4
8	3	7	1	5	4	9	2	6

Sudoku Fun 69

3	2	8	7	4	5	6	9	1
4	6	9	2	8	1	3	7	5
1	5	7	9	3	6	4	8	2
6	7	1	3	9	4	5	2	8
5	8	2	1	6	7	9	4	3
9	3	4	8	5	2	1	6	7
8	9	5	4	7	3	2	1	6
2	4	3	6	1	8	7	5	9
7	1	6	5	2	9	8	3	4

Sudoku Fun 70

2	8	1	4	7	3	9	5	6
5	3	4	1	9	6	8	7	2
6	9	7	8	5	2	4	3	1
8	1	9	7	6	4	5	2	3
3	6	2	9	1	5	7	8	4
7	4	5	2	3	8	1	6	9
9	7	6	5	2	1	3	4	8
4	5	3	6	8	9	2	1	7
1	2	8	3	4	7	6	9	5

Sudoku Fun 71

4	7	6	8	3	1	9	2	5
1	5	2	9	7	6	4	8	3
3	8	9	4	2	5	6	7	1
6	9	7	3	5	2	8	1	4
2	1	3	6	8	4	7	5	9
5	4	8	7	1	9	2	3	6
7	3	4	1	6	8	5	9	2
9	2	1	5	4	7	3	6	8
8	6	5	2	9	3	1	4	7

Sudoku Fun 72

7	5	2	6	3	1	8	9	4
6	3	9	7	8	4	2	1	5
1	4	8	2	9	5	3	6	7
5	9	3	4	2	8	1	7	6
4	8	6	1	7	3	5	2	9
2	1	7	9	5	6	4	3	8
3	6	5	8	1	9	7	4	2
9	2	1	5	4	7	6	8	3
8	7	4	3	6	2	9	5	1

Sudoku Fun 73

7	5	3	8	4	2	1	9	6
8	2	6	5	1	9	3	4	7
4	1	9	7	6	3	5	8	2
5	4	1	6	9	8	7	2	3
9	3	7	1	2	5	4	6	8
6	8	2	4	3	7	9	1	5
3	7	4	2	8	1	6	5	9
2	6	5	9	7	4	8	3	1
1	9	8	3	5	6	2	7	4

Sudoku Fun 74

3	1	9	8	4	7	2	6	5
6	5	7	1	3	2	4	8	9
8	4	2	9	5	6	7	3	1
4	9	1	3	6	8	5	7	2
5	7	3	2	9	4	8	1	6
2	8	6	5	7	1	9	4	3
1	3	8	7	2	5	6	9	4
7	6	5	4	1	9	3	2	8
9	2	4	6	8	3	1	5	7

Sudoku Fun 75

5	7	4	9	8	6	3	2	1
8	6	3	5	2	1	7	9	4
9	2	1	7	3	4	8	6	5
1	4	6	8	5	3	9	7	2
2	8	9	1	4	7	6	5	3
7	3	5	2	6	9	1	4	8
6	9	2	3	1	5	4	8	7
4	1	8	6	7	2	5	3	9
3	5	7	4	9	8	2	1	6

Sudoku Fun 76

9	8	4	3	2	1	6	5	7
7	2	1	8	6	5	4	9	3
5	3	6	7	9	4	2	1	8
8	9	2	6	3	7	5	4	1
3	4	7	5	1	9	8	2	6
6	1	5	4	8	2	3	7	9
4	5	3	1	7	8	9	6	2
2	7	8	9	5	6	1	3	4
1	6	9	2	4	3	7	8	5

Sudoku Fun 77

4	8	2	5	6	9	7	3	1
3	6	7	4	2	1	8	9	5
5	1	9	3	7	8	6	4	2
8	3	6	9	1	2	5	7	4
9	4	5	6	3	7	2	1	8
2	7	1	8	4	5	9	6	3
6	2	4	7	8	3	1	5	9
1	9	3	2	5	6	4	8	7
7	5	8	1	9	4	3	2	6

Sudoku Fun 78

9	2	1	6	8	4	3	5	7
7	5	4	9	3	2	6	8	1
8	6	3	5	1	7	9	2	4
1	3	9	4	7	5	8	6	2
6	4	7	8	2	3	5	1	9
2	8	5	1	6	9	7	4	3
5	7	8	2	9	1	4	3	6
4	9	2	3	5	6	1	7	8
3	1	6	7	4	8	2	9	5

Sudoku Fun 79

9	3	5	4	8	2	6	1	7
1	6	8	9	3	7	4	5	2
2	7	4	6	5	1	3	9	8
8	5	9	7	4	3	2	6	1
6	1	7	8	2	5	9	4	3
3	4	2	1	6	9	8	7	5
4	8	3	5	7	6	1	2	9
7	2	1	3	9	4	5	8	6
5	9	6	2	1	8	7	3	4

Sudoku Fun 80

7	8	5	1	6	2	9	3	4
2	4	3	7	8	9	5	1	6
9	1	6	3	4	5	8	2	7
5	6	4	9	7	1	3	8	2
1	7	9	2	3	8	6	4	5
8	3	2	4	5	6	7	9	1
6	9	8	5	2	4	1	7	3
4	5	7	8	1	3	2	6	9
3	2	1	6	9	7	4	5	8

Sudoku Fun 81

6	7	9	1	3	4	2	5	8
8	1	4	7	2	5	9	6	3
3	5	2	9	6	8	4	1	7
9	2	8	5	7	3	6	4	1
4	6	1	8	9	2	3	7	5
7	3	5	4	1	6	8	2	9
1	4	7	6	8	9	5	3	2
5	8	3	2	4	7	1	9	6
2	9	6	3	5	1	7	8	4

Sudoku Fun 82

5	6	1	8	9	4	2	7	3
8	9	3	1	2	7	5	4	6
2	4	7	5	3	6	9	1	8
1	5	2	9	4	8	3	6	7
4	7	8	2	6	3	1	5	9
6	3	9	7	1	5	8	2	4
9	8	4	6	5	2	7	3	1
7	2	6	3	8	1	4	9	5
3	1	5	4	7	9	6	8	2

Sudoku Fun 83

4	8	3	2	1	9	5	6	7
9	2	5	3	7	6	1	8	4
1	7	6	5	8	4	9	3	2
5	1	4	7	3	2	8	9	6
2	3	7	9	6	8	4	5	1
8	6	9	1	4	5	7	2	3
3	4	8	6	5	1	2	7	9
7	5	2	4	9	3	6	1	8
6	9	1	8	2	7	3	4	5

Sudoku Fun 84

3	1	7	5	4	8	2	9	6
4	6	8	1	2	9	7	3	5
5	9	2	7	3	6	4	8	1
2	3	9	6	7	1	8	5	4
7	8	5	4	9	3	1	6	2
6	4	1	2	8	5	3	7	9
8	7	4	9	5	2	6	1	3
1	5	3	8	6	4	9	2	7
9	2	6	3	1	7	5	4	8

Sudoku Fun 85

3	2	8	9	4	5	1	7	6
5	9	6	2	1	7	4	8	3
4	1	7	6	3	8	5	9	2
9	4	1	8	5	2	6	3	7
7	3	2	4	9	6	8	1	5
8	6	5	1	7	3	2	4	9
1	8	3	5	6	9	7	2	4
6	7	4	3	2	1	9	5	8
2	5	9	7	8	4	3	6	1

Sudoku Fun 86

1	8	5	6	9	2	4	7	3
7	4	6	3	8	1	9	5	2
9	2	3	5	4	7	1	6	8
4	3	8	9	7	6	5	2	1
6	9	1	4	2	5	8	3	7
2	5	7	1	3	8	6	9	4
5	6	2	8	1	3	7	4	9
8	7	9	2	6	4	3	1	5
3	1	4	7	5	9	2	8	6

Sudoku Fun 87

6	7	3	2	9	4	1	5	8
1	5	9	6	3	8	4	7	2
4	8	2	5	7	1	9	6	3
9	1	6	8	2	5	3	4	7
8	4	5	7	6	3	2	9	1
3	2	7	4	1	9	6	8	5
7	3	4	1	5	6	8	2	9
2	6	1	9	8	7	5	3	4
5	9	8	3	4	2	7	1	6

Sudoku Fun 88

6	8	9	4	7	5	1	2	3
7	1	5	9	2	3	4	8	6
4	3	2	6	1	8	9	5	7
5	7	4	1	6	2	8	3	9
2	9	8	7	3	4	6	1	5
1	6	3	8	5	9	7	4	2
9	5	6	2	4	1	3	7	8
8	2	1	3	9	7	5	6	4
3	4	7	5	8	6	2	9	1

Sudoku Fun 89

5	7	9	4	6	1	3	8	2
8	1	3	2	7	9	6	4	5
6	4	2	3	5	8	7	9	1
3	2	1	8	4	7	5	6	9
7	5	6	1	9	3	8	2	4
4	9	8	6	2	5	1	3	7
2	6	7	5	3	4	9	1	8
9	8	4	7	1	6	2	5	3
1	3	5	9	8	2	4	7	6

Sudoku Fun 90

8	6	3	9	5	1	4	7	2
1	2	9	7	6	4	5	3	8
5	7	4	2	8	3	9	1	6
2	3	1	8	9	6	7	4	5
7	9	5	1	4	2	8	6	3
6	4	8	5	3	7	1	2	9
9	1	6	3	7	8	2	5	4
4	5	2	6	1	9	3	8	7
3	8	7	4	2	5	6	9	1

Sudoku Fun 91

5	6	3	8	7	9	4	1	2
4	9	8	6	2	1	7	5	3
7	1	2	4	3	5	6	8	9
6	7	4	3	9	8	5	2	1
8	2	5	7	1	6	3	9	4
9	3	1	5	4	2	8	7	6
2	5	7	1	6	3	9	4	8
3	4	9	2	8	7	1	6	5
1	8	6	9	5	4	2	3	7

Sudoku Fun 92

3	1	2	4	8	7	9	5	6
6	7	5	9	2	1	3	8	4
8	9	4	3	5	6	1	2	7
2	3	7	5	6	4	8	9	1
9	4	8	2	1	3	7	6	5
5	6	1	7	9	8	4	3	2
1	2	3	6	7	9	5	4	8
7	5	9	8	4	2	6	1	3
4	8	6	1	3	5	2	7	9

Sudoku Fun 93

4	2	3	1	5	7	9	8	6
6	1	8	3	2	9	5	4	7
5	9	7	4	6	8	3	2	1
8	5	6	9	3	2	1	7	4
2	7	9	5	4	1	8	6	3
3	4	1	8	7	6	2	9	5
9	8	5	6	1	4	7	3	2
7	3	4	2	9	5	6	1	8
1	6	2	7	8	3	4	5	9

Sudoku Fun 94

8	3	4	5	6	7	9	2	1
6	1	7	8	2	9	4	5	3
5	2	9	1	4	3	6	7	8
4	9	2	6	5	1	8	3	7
1	6	3	9	7	8	5	4	2
7	5	8	2	3	4	1	9	6
2	7	5	4	8	6	3	1	9
9	4	6	3	1	2	7	8	5
3	8	1	7	9	5	2	6	4

Sudoku Fun 95

8	5	9	7	1	2	3	4	6
7	3	2	8	6	4	9	5	1
6	1	4	9	5	3	7	2	8
1	6	8	3	7	5	4	9	2
4	2	7	6	8	9	5	1	3
3	9	5	4	2	1	6	8	7
2	8	3	5	9	6	1	7	4
5	4	1	2	3	7	8	6	9
9	7	6	1	4	8	2	3	5

Sudoku Fun 96

7	9	1	5	3	2	4	8	6
6	8	5	9	4	7	2	3	1
4	3	2	6	1	8	9	5	7
9	7	8	4	5	6	1	2	3
5	2	3	7	9	1	6	4	8
1	4	6	8	2	3	5	7	9
3	6	9	2	7	4	8	1	5
2	5	7	1	8	9	3	6	4
8	1	4	3	6	5	7	9	2

Sudoku Fun 97

3	8	4	7	1	9	6	2	5
6	7	5	8	3	2	9	1	4
1	2	9	4	5	6	3	7	8
4	6	1	3	9	5	7	8	2
2	5	3	1	7	8	4	9	6
8	9	7	6	2	4	1	5	3
7	1	2	5	4	3	8	6	9
9	3	8	2	6	1	5	4	7
5	4	6	9	8	7	2	3	1

Sudoku Fun 98

4	8	5	7	9	1	2	3	6
7	6	1	3	8	2	9	5	4
2	9	3	6	5	4	8	1	7
8	3	6	4	7	9	1	2	5
5	7	9	2	1	8	6	4	3
1	4	2	5	6	3	7	9	8
3	1	4	8	2	6	5	7	9
9	5	8	1	4	7	3	6	2
6	2	7	9	3	5	4	8	1

Sudoku Fun 99

5	8	4	3	2	1	9	7	6
2	6	9	8	5	7	4	1	3
1	3	7	9	6	4	5	2	8
3	4	2	6	7	5	8	9	1
7	5	8	4	1	9	6	3	2
6	9	1	2	8	3	7	5	4
4	2	5	7	3	6	1	8	9
8	1	6	5	9	2	3	4	7
9	7	3	1	4	8	2	6	5

Sudoku Fun 100

5	3	2	8	6	9	7	4	1
1	8	4	7	3	2	6	9	5
9	7	6	5	1	4	8	2	3
2	6	9	4	8	5	3	1	7
3	5	8	2	7	1	9	6	4
4	1	7	3	9	6	5	8	2
6	2	1	9	5	3	4	7	8
7	9	3	1	4	8	2	5	6
8	4	5	6	2	7	1	3	9

Sudoku Fun 101

9	7	6	1	4	5	2	8	3
1	5	8	7	3	2	4	6	9
3	4	2	6	9	8	7	1	5
4	2	5	3	8	7	1	9	6
7	3	9	4	6	1	8	5	2
6	8	1	2	5	9	3	7	4
2	1	3	9	7	6	5	4	8
5	6	7	8	2	4	9	3	1
8	9	4	5	1	3	6	2	7

Sudoku Fun 102

6	2	3	4	8	9	7	1	5
5	8	7	2	6	1	9	4	3
1	9	4	5	3	7	2	6	8
3	1	2	8	7	6	4	5	9
4	7	8	1	9	5	6	3	2
9	6	5	3	4	2	1	8	7
2	4	9	6	5	8	3	7	1
7	5	6	9	1	3	8	2	4
8	3	1	7	2	4	5	9	6

Sudoku Fun 103

6	9	1	8	2	7	5	4	3
4	7	5	6	9	3	8	2	1
2	3	8	5	1	4	7	9	6
5	1	9	4	6	8	3	7	2
7	6	2	9	3	5	4	1	8
3	8	4	1	7	2	6	5	9
9	5	7	3	8	1	2	6	4
8	4	6	2	5	9	1	3	7
1	2	3	7	4	6	9	8	5

Sudoku Fun 104

4	7	9	3	1	5	2	8	6
8	1	2	6	9	7	4	3	5
3	6	5	2	8	4	9	7	1
7	9	3	8	5	6	1	2	4
5	8	1	7	4	2	3	6	9
6	2	4	9	3	1	8	5	7
1	3	6	4	7	8	5	9	2
9	5	7	1	2	3	6	4	8
2	4	8	5	6	9	7	1	3

Sudoku Fun 105

6	4	2	9	7	3	1	8	5
7	8	1	6	4	5	2	3	9
5	9	3	8	1	2	7	4	6
9	2	8	7	3	6	4	5	1
3	1	6	5	2	4	9	7	8
4	7	5	1	9	8	3	6	2
8	3	4	2	5	1	6	9	7
2	5	9	4	6	7	8	1	3
1	6	7	3	8	9	5	2	4

Sudoku Fun 106

8	2	9	3	4	6	1	5	7
5	4	6	1	9	7	2	8	3
1	3	7	2	8	5	4	9	6
3	6	8	9	2	4	5	7	1
7	9	2	5	3	1	6	4	8
4	5	1	7	6	8	9	3	2
9	1	4	6	7	3	8	2	5
2	7	5	8	1	9	3	6	4
6	8	3	4	5	2	7	1	9

Sudoku Fun 107

8	1	3	6	4	9	2	7	5
2	9	7	1	3	5	8	6	4
5	4	6	2	7	8	1	3	9
4	6	5	7	9	1	3	2	8
7	8	1	5	2	3	9	4	6
3	2	9	4	8	6	5	1	7
1	5	4	8	6	2	7	9	3
9	7	8	3	1	4	6	5	2
6	3	2	9	5	7	4	8	1

Sudoku Fun 108

2	7	3	5	9	1	4	8	6
8	6	4	3	7	2	1	9	5
9	5	1	4	6	8	7	3	2
1	9	2	7	3	5	8	6	4
5	8	7	2	4	6	3	1	9
3	4	6	8	1	9	2	5	7
6	2	9	1	8	7	5	4	3
4	1	5	9	2	3	6	7	8
7	3	8	6	5	4	9	2	1

Sudoku Fun 109

1	4	9	2	6	8	5	3	7
8	2	7	1	5	3	6	4	9
5	6	3	7	9	4	2	8	1
7	3	5	4	1	2	9	6	8
6	1	8	9	7	5	3	2	4
4	9	2	8	3	6	7	1	5
3	5	1	6	4	9	8	7	2
2	7	6	5	8	1	4	9	3
9	8	4	3	2	7	1	5	6

Sudoku Fun 110

7	3	1	5	8	9	6	2	4
2	8	6	1	4	7	9	3	5
9	5	4	6	2	3	7	1	8
4	9	5	3	1	6	8	7	2
8	2	3	7	9	4	1	5	6
1	6	7	2	5	8	3	4	9
5	4	8	9	7	1	2	6	3
6	7	9	4	3	2	5	8	1
3	1	2	8	6	5	4	9	7

Sudoku Fun 111

1	6	2	5	8	7	3	9	4
7	5	8	3	4	9	2	1	6
3	9	4	1	6	2	7	5	8
9	7	6	8	2	3	5	4	1
4	8	1	6	7	5	9	2	3
5	2	3	9	1	4	8	6	7
6	3	7	2	5	1	4	8	9
2	1	9	4	3	8	6	7	5
8	4	5	7	9	6	1	3	2

Sudoku Fun 112

5	6	3	8	9	2	1	7	4
9	7	8	5	4	1	3	6	2
2	4	1	7	6	3	5	9	8
3	1	5	6	7	4	2	8	9
7	2	9	3	8	5	4	1	6
6	8	4	1	2	9	7	5	3
8	5	2	4	1	6	9	3	7
1	9	7	2	3	8	6	4	5
4	3	6	9	5	7	8	2	1

Sudoku Fun 113

2	4	7	1	8	6	5	3	9
5	1	6	4	9	3	2	7	8
3	9	8	2	5	7	6	4	1
6	5	3	8	1	2	4	9	7
8	7	4	6	3	9	1	5	2
9	2	1	7	4	5	8	6	3
1	6	5	3	7	8	9	2	4
7	8	2	9	6	4	3	1	5
4	3	9	5	2	1	7	8	6

Sudoku Fun 114

6	3	4	7	8	2	1	9	5
1	7	9	3	4	5	8	2	6
2	5	8	9	6	1	4	3	7
5	2	6	4	1	7	9	8	3
3	8	7	6	2	9	5	1	4
4	9	1	5	3	8	6	7	2
8	6	2	1	7	4	3	5	9
9	1	3	2	5	6	7	4	8
7	4	5	8	9	3	2	6	1

Sudoku Fun 115

5	6	7	3	2	4	1	9	8
2	3	4	8	9	1	6	7	5
1	9	8	7	6	5	3	2	4
8	4	1	6	5	7	9	3	2
3	5	6	2	8	9	4	1	7
7	2	9	4	1	3	8	5	6
6	7	5	1	3	8	2	4	9
9	8	3	5	4	2	7	6	1
4	1	2	9	7	6	5	8	3

Sudoku Fun 116

6	5	8	2	3	9	1	7	4
4	7	9	5	6	1	2	8	3
1	3	2	8	7	4	6	9	5
9	8	4	6	2	7	5	3	1
3	6	1	9	4	5	8	2	7
5	2	7	1	8	3	4	6	9
7	1	6	4	9	2	3	5	8
8	9	5	3	1	6	7	4	2
2	4	3	7	5	8	9	1	6

Sudoku Fun 117

4	1	6	7	8	3	2	9	5
5	7	3	2	4	9	8	6	1
9	2	8	5	1	6	3	7	4
6	8	2	3	9	1	4	5	7
3	4	1	6	7	5	9	8	2
7	9	5	4	2	8	6	1	3
8	6	7	1	3	2	5	4	9
2	5	4	9	6	7	1	3	8
1	3	9	8	5	4	7	2	6

Sudoku Fun 118

1	9	4	5	3	7	6	8	2
5	2	3	9	8	6	1	7	4
7	8	6	1	4	2	3	9	5
9	6	1	2	5	4	7	3	8
4	3	5	7	1	8	2	6	9
8	7	2	6	9	3	4	5	1
3	4	7	8	2	5	9	1	6
2	1	8	3	6	9	5	4	7
6	5	9	4	7	1	8	2	3

Sudoku Fun 119

4	8	5	1	3	6	9	2	7
7	1	2	8	5	9	6	4	3
3	9	6	7	2	4	8	1	5
6	5	4	3	8	1	2	7	9
9	7	8	6	4	2	5	3	1
1	2	3	5	9	7	4	8	6
8	4	7	9	6	3	1	5	2
2	3	9	4	1	5	7	6	8
5	6	1	2	7	8	3	9	4

Sudoku Fun 120

6	5	9	3	7	1	2	8	4
1	2	3	9	4	8	7	6	5
4	8	7	2	6	5	9	1	3
9	3	5	4	1	2	6	7	8
2	1	4	6	8	7	3	5	9
8	7	6	5	3	9	1	4	2
5	9	1	8	2	6	4	3	7
3	6	8	7	9	4	5	2	1
7	4	2	1	5	3	8	9	6

Sudoku Fun 121

3	5	9	4	8	1	6	2	7
6	8	4	2	3	7	1	9	5
2	7	1	9	6	5	8	3	4
8	2	5	7	1	9	3	4	6
4	3	6	8	5	2	9	7	1
1	9	7	6	4	3	5	8	2
9	6	3	5	2	4	7	1	8
5	1	2	3	7	8	4	6	9
7	4	8	1	9	6	2	5	3

Sudoku Fun 122

2	3	9	6	4	1	7	8	5
4	6	7	8	2	5	3	9	1
1	8	5	3	7	9	6	2	4
6	5	3	1	9	4	8	7	2
9	4	1	2	8	7	5	6	3
8	7	2	5	6	3	4	1	9
7	2	4	9	5	8	1	3	6
3	9	8	4	1	6	2	5	7
5	1	6	7	3	2	9	4	8

Sudoku Fun 123

2	1	5	4	9	7	6	3	8
6	7	4	3	5	8	2	9	1
3	8	9	1	2	6	4	7	5
4	3	8	2	6	5	9	1	7
1	5	2	9	7	4	8	6	3
7	9	6	8	1	3	5	4	2
8	4	1	6	3	2	7	5	9
9	2	7	5	4	1	3	8	6
5	6	3	7	8	9	1	2	4

Sudoku Fun 124

3	5	7	4	6	2	9	8	1
1	2	8	7	3	9	4	5	6
4	9	6	8	1	5	7	3	2
7	6	4	3	9	8	2	1	5
5	3	9	1	2	6	8	4	7
8	1	2	5	4	7	6	9	3
2	7	3	9	5	4	1	6	8
6	4	5	2	8	1	3	7	9
9	8	1	6	7	3	5	2	4

Sudoku Fun 125

9	1	7	3	8	6	4	5	2
6	4	3	9	5	2	8	1	7
5	8	2	7	1	4	6	3	9
1	9	4	8	6	7	5	2	3
8	3	5	4	2	9	7	6	1
2	7	6	5	3	1	9	8	4
4	6	8	1	9	3	2	7	5
3	5	9	2	7	8	1	4	6
7	2	1	6	4	5	3	9	8

Sudoku Fun 126

4	7	6	2	9	1	5	8	3
2	9	8	3	5	6	4	1	7
1	5	3	4	7	8	9	6	2
9	8	2	5	1	7	6	3	4
5	4	7	8	6	3	2	9	1
3	6	1	9	4	2	8	7	5
8	2	9	7	3	5	1	4	6
7	1	4	6	2	9	3	5	8
6	3	5	1	8	4	7	2	9

Sudoku Fun 127

8	2	6	1	7	4	3	9	5
5	7	4	6	9	3	8	2	1
9	3	1	2	8	5	6	4	7
6	1	7	3	5	2	9	8	4
4	8	9	7	1	6	2	5	3
2	5	3	8	4	9	1	7	6
7	4	8	9	6	1	5	3	2
3	6	5	4	2	8	7	1	9
1	9	2	5	3	7	4	6	8

Sudoku Fun 128

8	4	1	2	5	9	7	6	3
5	3	2	4	6	7	8	1	9
9	7	6	3	8	1	2	4	5
1	9	8	5	2	6	3	7	4
4	2	7	8	9	3	1	5	6
3	6	5	7	1	4	9	2	8
2	1	3	9	4	5	6	8	7
6	5	9	1	7	8	4	3	2
7	8	4	6	3	2	5	9	1

Sudoku Fun 129

8	5	6	9	2	1	7	3	4
4	3	7	5	8	6	9	1	2
9	1	2	3	4	7	5	8	6
3	4	9	2	5	8	6	7	1
2	8	1	6	7	3	4	9	5
7	6	5	1	9	4	3	2	8
1	2	3	7	6	5	8	4	9
6	7	4	8	1	9	2	5	3
5	9	8	4	3	2	1	6	7

Sudoku Fun 130

2	9	3	8	6	1	5	4	7
7	5	1	2	4	9	6	8	3
4	6	8	7	5	3	1	2	9
3	7	5	1	2	6	8	9	4
1	4	9	5	3	8	7	6	2
6	8	2	9	7	4	3	1	5
9	3	4	6	8	7	2	5	1
5	1	6	3	9	2	4	7	8
8	2	7	4	1	5	9	3	6

Sudoku Fun 131

1	2	9	5	3	7	6	4	8
4	5	3	6	8	1	7	9	2
6	7	8	9	2	4	1	3	5
3	6	1	2	7	8	9	5	4
5	9	2	4	1	6	3	8	7
7	8	4	3	9	5	2	1	6
9	1	6	8	4	2	5	7	3
2	4	7	1	5	3	8	6	9
8	3	5	7	6	9	4	2	1

Sudoku Fun 132

4	5	9	8	6	2	1	3	7
6	8	1	4	7	3	5	9	2
7	3	2	5	9	1	8	4	6
2	1	6	9	4	5	3	7	8
9	4	8	3	1	7	6	2	5
5	7	3	2	8	6	9	1	4
8	9	7	1	5	4	2	6	3
1	2	4	6	3	8	7	5	9
3	6	5	7	2	9	4	8	1

Sudoku Fun 133

3	9	5	1	2	4	6	7	8
4	8	2	3	7	6	1	9	5
6	7	1	5	8	9	3	4	2
9	4	7	2	3	5	8	6	1
2	6	8	4	1	7	9	5	3
1	5	3	6	9	8	7	2	4
8	2	9	7	5	1	4	3	6
7	3	6	8	4	2	5	1	9
5	1	4	9	6	3	2	8	7

Sudoku Fun 134

3	6	4	5	1	7	9	8	2
5	9	8	6	2	3	7	1	4
2	7	1	8	9	4	3	5	6
1	2	5	9	7	8	6	4	3
4	8	9	3	5	6	2	7	1
6	3	7	2	4	1	5	9	8
9	4	3	1	6	5	8	2	7
8	1	2	7	3	9	4	6	5
7	5	6	4	8	2	1	3	9

Sudoku Fun 135

6	8	1	5	2	7	4	3	9
3	4	7	9	1	8	6	5	2
9	5	2	3	6	4	8	1	7
7	9	6	4	8	1	3	2	5
1	2	5	6	7	3	9	4	8
8	3	4	2	9	5	7	6	1
2	7	9	1	3	6	5	8	4
4	6	8	7	5	2	1	9	3
5	1	3	8	4	9	2	7	6

Sudoku Fun 136

1	2	4	8	5	9	3	6	7
6	8	7	3	1	2	9	4	5
3	5	9	7	4	6	2	1	8
5	4	3	1	6	7	8	9	2
9	7	1	4	2	8	6	5	3
8	6	2	9	3	5	1	7	4
4	9	5	2	8	1	7	3	6
2	1	6	5	7	3	4	8	9
7	3	8	6	9	4	5	2	1

Sudoku Fun 137

2	9	7	1	4	3	6	5	8
1	4	5	8	6	9	2	3	7
3	6	8	2	5	7	9	4	1
6	1	9	5	2	4	7	8	3
7	3	2	9	1	8	5	6	4
5	8	4	7	3	6	1	2	9
8	7	3	6	9	5	4	1	2
9	5	1	4	8	2	3	7	6
4	2	6	3	7	1	8	9	5

Sudoku Fun 138

9	4	8	1	5	3	6	7	2
2	1	5	8	6	7	9	4	3
3	7	6	9	2	4	5	8	1
7	8	9	2	3	1	4	6	5
6	2	1	4	8	5	7	3	9
5	3	4	7	9	6	2	1	8
8	5	3	6	7	9	1	2	4
1	6	2	5	4	8	3	9	7
4	9	7	3	1	2	8	5	6

Sudoku Fun 139

2	6	1	8	3	4	7	5	9
9	4	5	2	7	1	8	6	3
8	7	3	6	9	5	2	1	4
7	8	2	1	4	3	6	9	5
3	9	4	5	6	7	1	8	2
5	1	6	9	8	2	4	3	7
6	5	9	7	2	8	3	4	1
4	2	8	3	1	9	5	7	6
1	3	7	4	5	6	9	2	8

Sudoku Fun 140

4	1	7	8	2	6	3	9	5
9	2	6	4	5	3	8	1	7
8	5	3	9	7	1	6	2	4
5	7	2	3	8	4	1	6	9
6	3	4	7	1	9	2	5	8
1	9	8	5	6	2	7	4	3
2	4	9	1	3	8	5	7	6
3	6	5	2	4	7	9	8	1
7	8	1	6	9	5	4	3	2

Sudoku Fun 141

2	9	6	7	8	5	3	4	1
3	1	8	9	6	4	7	2	5
4	5	7	3	1	2	8	6	9
5	8	2	6	9	7	1	3	4
7	6	4	1	5	3	2	9	8
1	3	9	2	4	8	5	7	6
9	4	3	5	2	1	6	8	7
6	2	5	8	7	9	4	1	3
8	7	1	4	3	6	9	5	2

Sudoku Fun 142

6	1	4	8	7	5	2	9	3
5	7	8	2	9	3	4	6	1
9	3	2	1	6	4	8	5	7
1	6	7	5	2	8	3	4	9
3	8	5	4	1	9	6	7	2
4	2	9	6	3	7	1	8	5
2	4	3	7	5	6	9	1	8
8	5	1	9	4	2	7	3	6
7	9	6	3	8	1	5	2	4

Sudoku Fun 143

4	8	6	1	3	5	2	7	9
5	7	9	2	4	6	1	3	8
1	2	3	8	9	7	4	6	5
6	9	4	5	1	8	7	2	3
8	1	2	4	7	3	5	9	6
3	5	7	9	6	2	8	1	4
9	6	5	7	2	4	3	8	1
7	4	1	3	8	9	6	5	2
2	3	8	6	5	1	9	4	7

Sudoku Fun 144

3	4	1	9	6	8	7	2	5
2	9	6	3	5	7	8	4	1
5	7	8	1	2	4	9	6	3
9	3	5	7	4	1	2	8	6
1	6	4	2	8	5	3	9	7
8	2	7	6	3	9	5	1	4
6	5	2	4	9	3	1	7	8
4	1	3	8	7	2	6	5	9
7	8	9	5	1	6	4	3	2

Sudoku Fun 145

7	5	4	2	1	6	9	8	3
1	9	8	7	5	3	6	2	4
6	3	2	9	4	8	7	5	1
9	8	1	3	2	4	5	6	7
2	7	6	1	8	5	3	4	9
5	4	3	6	7	9	2	1	8
8	2	7	5	9	1	4	3	6
3	1	5	4	6	7	8	9	2
4	6	9	8	3	2	1	7	5

Sudoku Fun 146

8	2	6	5	3	4	7	9	1
9	3	1	6	8	7	4	2	5
4	5	7	1	2	9	3	6	8
1	9	8	4	6	2	5	3	7
7	4	5	3	9	8	2	1	6
2	6	3	7	1	5	8	4	9
5	7	9	2	4	6	1	8	3
6	1	4	8	7	3	9	5	2
3	8	2	9	5	1	6	7	4

Sudoku Fun 147

5	6	2	3	7	9	8	4	1
9	1	7	4	2	8	6	5	3
8	3	4	5	1	6	7	2	9
2	5	8	9	6	4	1	3	7
3	4	6	7	8	1	2	9	5
7	9	1	2	3	5	4	6	8
1	8	3	6	5	2	9	7	4
4	2	5	8	9	7	3	1	6
6	7	9	1	4	3	5	8	2

Sudoku Fun 148

4	6	2	7	9	5	8	3	1
1	8	3	4	6	2	5	9	7
5	9	7	8	1	3	6	4	2
6	7	9	3	4	1	2	8	5
8	3	1	5	2	7	4	6	9
2	5	4	6	8	9	7	1	3
7	4	5	1	3	6	9	2	8
3	2	6	9	7	8	1	5	4
9	1	8	2	5	4	3	7	6

Sudoku Fun 149

1	9	8	2	3	7	5	4	6
4	3	2	8	6	5	7	9	1
6	7	5	1	4	9	3	2	8
2	6	9	7	8	3	1	5	4
3	8	7	5	1	4	2	6	9
5	4	1	6	9	2	8	7	3
8	5	3	9	2	6	4	1	7
9	2	4	3	7	1	6	8	5
7	1	6	4	5	8	9	3	2

Sudoku Fun 150

5	3	8	4	7	2	9	1	6
2	6	9	8	3	1	5	7	4
4	7	1	5	6	9	2	3	8
6	1	4	2	8	7	3	9	5
3	2	7	6	9	5	8	4	1
8	9	5	1	4	3	6	2	7
1	8	6	9	2	4	7	5	3
9	5	3	7	1	8	4	6	2
7	4	2	3	5	6	1	8	9

Sudoku Fun 151

9	7	2	3	6	1	5	8	4
1	8	4	7	5	2	3	9	6
5	6	3	8	4	9	7	1	2
2	5	7	1	9	4	6	3	8
6	1	9	5	3	8	2	4	7
4	3	8	2	7	6	1	5	9
7	4	1	6	8	5	9	2	3
3	9	5	4	2	7	8	6	1
8	2	6	9	1	3	4	7	5

Sudoku Fun 152

6	3	8	7	2	1	9	4	5
7	9	2	6	4	5	3	1	8
5	4	1	3	8	9	7	6	2
4	6	5	9	7	8	1	2	3
1	2	7	5	3	4	8	9	6
3	8	9	2	1	6	5	7	4
9	5	3	1	6	2	4	8	7
2	7	4	8	9	3	6	5	1
8	1	6	4	5	7	2	3	9

Sudoku Fun 153

3	8	1	6	2	9	5	4	7
6	5	4	3	8	7	2	1	9
9	7	2	1	4	5	6	8	3
8	9	3	7	1	2	4	6	5
2	4	5	9	3	6	8	7	1
1	6	7	4	5	8	3	9	2
5	1	8	2	7	4	9	3	6
7	2	6	8	9	3	1	5	4
4	3	9	5	6	1	7	2	8

Sudoku Fun 154

9	7	4	8	1	3	2	5	6
8	1	5	6	7	2	4	9	3
6	2	3	4	9	5	8	1	7
3	6	1	2	4	9	7	8	5
2	9	7	1	5	8	3	6	4
5	4	8	3	6	7	1	2	9
1	5	9	7	2	4	6	3	8
7	3	2	5	8	6	9	4	1
4	8	6	9	3	1	5	7	2

Sudoku Fun 155

3	8	7	4	6	1	2	9	5
5	1	6	9	7	2	3	8	4
2	4	9	3	5	8	6	7	1
4	7	8	5	9	3	1	6	2
6	2	3	8	1	4	9	5	7
9	5	1	6	2	7	8	4	3
7	9	2	1	8	5	4	3	6
8	3	5	2	4	6	7	1	9
1	6	4	7	3	9	5	2	8

Sudoku Fun 156

5	1	6	2	8	7	9	3	4
9	8	7	4	6	3	2	5	1
4	2	3	1	5	9	7	8	6
2	6	1	3	4	5	8	9	7
3	5	4	7	9	8	6	1	2
7	9	8	6	2	1	5	4	3
6	4	9	8	1	2	3	7	5
8	3	2	5	7	4	1	6	9
1	7	5	9	3	6	4	2	8

Sudoku Fun 157

1	9	3	4	5	8	6	7	2
2	7	8	9	1	6	4	5	3
5	4	6	3	2	7	9	1	8
9	2	1	6	3	4	7	8	5
7	3	4	2	8	5	1	9	6
6	8	5	1	7	9	2	3	4
8	5	9	7	6	2	3	4	1
4	1	2	5	9	3	8	6	7
3	6	7	8	4	1	5	2	9

Sudoku Fun 158

1	5	7	4	8	6	3	2	9
8	4	6	2	3	9	7	5	1
2	9	3	1	5	7	6	8	4
5	8	1	7	2	3	9	4	6
9	7	2	5	6	4	1	3	8
6	3	4	8	9	1	2	7	5
3	6	8	9	7	5	4	1	2
7	1	5	6	4	2	8	9	3
4	2	9	3	1	8	5	6	7

Sudoku Fun 159

8	4	2	9	7	6	1	5	3
3	7	9	2	1	5	4	6	8
1	6	5	4	3	8	9	7	2
9	2	1	6	4	7	3	8	5
5	3	6	8	9	2	7	4	1
7	8	4	3	5	1	6	2	9
6	1	3	5	8	4	2	9	7
4	5	7	1	2	9	8	3	6
2	9	8	7	6	3	5	1	4

Sudoku Fun 160

5	3	8	1	9	4	7	2	6
4	7	9	6	2	8	5	3	1
2	6	1	7	5	3	9	8	4
9	8	7	5	4	1	2	6	3
1	5	3	8	6	2	4	9	7
6	4	2	9	3	7	8	1	5
7	1	5	3	8	9	6	4	2
3	9	4	2	7	6	1	5	8
8	2	6	4	1	5	3	7	9